"十四五"职业教育国家规划教材

浙江省普通高校"十三五"新形态教材
高职高专职业核心能力训练教材

商 务 素 养
——成功塑造你的商务形象（第 2 版）

高田歌　主编

电子工业出版社
Publishing House of Electronics Industry
北京·BEIJING

内 容 简 介

本书采用活页式设计，为校企双元合作开发教材。本书以就业为导向，以提升读者商务礼仪素养为目标，围绕职场的典型商务活动，以情景导入、任务引领，辅以案例分享与小贴士提醒，并以实训演练跟进，对职场人士必备的商务素养进行全方位讲解，注重知识性与实用性结合。

同时，本书围绕课程目标要求，配套中英双语课程视频、动画、习题等数字化资源，实现教材呈现形式的多样化，为混合式教学提供资源基础，形成教和学之间的深入互动。本书适合即将步入职场的高校各专业学生，以及对商务素养感兴趣的社会读者阅读和使用。

未经许可，不得以任何方式复制或抄袭本书之部分或全部内容。
版权所有，侵权必究。

图书在版编目（CIP）数据

商务素养：成功塑造你的商务形象 / 高田歌主编. —2 版. —北京：电子工业出版社，2024.1
ISBN 978-7-121-47053-0

Ⅰ. ①商… Ⅱ. ①高… Ⅲ. ①个人—形象—设计—高等职业教育—教材 Ⅳ. ①B834.3

中国国家版本馆 CIP 数据核字（2024）第 016145 号

责任编辑：王艳萍
文字编辑：杜　皎
印　　刷：三河市君旺印务有限公司
装　　订：三河市君旺印务有限公司
出版发行：电子工业出版社
　　　　　北京市海淀区万寿路 173 信箱　邮编　100036
开　　本：787×1092　1/16　印张：11　字数：278.4 千字
版　　次：2019 年 12 月第 1 版
　　　　　2024 年 1 月第 2 版
印　　次：2025 年 6 月第 2 次印刷
定　　价：41.00 元

凡所购买电子工业出版社图书有缺损问题，请向购买书店调换。若书店售缺，请与本社发行部联系，联系及邮购电话：(010) 88254888，88258888。

质量投诉请发邮件至 zlts@phei.com.cn，盗版侵权举报请发邮件至 dbqq@phei.com.cn。
本书咨询联系方式：(010) 88254609，hzh@phei.com.cn。

前 言

党的二十大报告提出，"实施公民道德建设工程，弘扬中华传统美德"，"推动明大德、守公德、严私德，提高人民道德水准和文明素养"，"在全社会弘扬劳动精神、奋斗精神、奉献精神、创造精神、勤俭节约精神，培育时代新风新貌"。国无德不兴，人无德不立。随着我国的经济、科技和文化迅猛发展，新时代对人才提出了新的要求。因此，当今时代的高素质新人才培养，既要重视知识技能的传授，也要重视职业礼仪素养的提升。

为深入贯彻落实好党的二十大精神，顺应新时代的发展需要，我们与企业界专家合作，共同开发了《商务素养——成功塑造你的商务形象》（第2版）教材。本书针对即将踏入职场的高校毕业生，采取活页式设计，以学生为中心，以学习成果为导向，注重学生综合素质的培养，引入大量企业的真实案例，同时强化教材及教学资源的学习资料功能。全书由职场形象礼仪、商务会面礼仪、商务接待礼仪、商务沟通素养、办公室礼仪和跨文化交际素养六个项目组成，每个项目都有学习目标和知识结构思维导图进行整体指引，具体分为情景导入、任务清单、知识链接、实训演练和美育课堂，整齐划一，条理分明，便于教学。

本书围绕课程目标要求，配套"颗粒化"微视频等数字化资源，实现教材呈现形式的多样化，为混合式教学提供资源基础，形成教和学之间的深入互动。本书在充分模块化的前提下，实现对教学内容的颗粒化、科学系统化分解，配有中英文双语在线课程视频，以微视频、微动画及配套课件等，配合实训、试题库、资源库等立体化数字资源，旨在通过数字化手段重构教材内容，一方面提升学生的国际化商务素养，另一方面促进我国与世界各国，尤其"一带一路"沿线各国的商务与文化交流融通。

本书围绕"美育"目标立德树人，突出强调培养学生的人文修养、家国情怀和社会关爱等必备品格。习近平总书记在党的二十大报告中指出："坚持和发展马克思主义，必须同中华优秀传统文化相结合。"本书通过对商务着装的选择与搭配、练习商务会面礼仪、了解中餐与西餐文化等任务，以及每个任务配套的美育课堂，潜移默化地让学生感受到正确的历史观、国家观、民族观、文化观等中国精神，并凝聚成中国力量，增强学生的文化自信，全面提升学生感受美、表现美、鉴赏美、创造美的能力，让学生养成理解、宽容、谦逊、诚恳的待人态度，庄重大方、热情友好、谈吐文雅的工作习惯，以及爱岗敬业、诚实守信的职业道德。同时，每章的教学目标还专门设置了思政目标，帮助教师拓宽思路，将思政元素融入课堂教学。

本书由浙江工贸职业技术学院高田歌担任主编，浙江工贸职业技术学院刘颖君、刘敏担任副主编。温州初贝贸易有限公司、日照市金育美学文化创意产业有限公司、宁波集港通供应链管理有限公司、浙江方圆机床制造有限公司、温州赵氟隆有限公司等企业在本书的编著过程中给予了大量的支持，提供了宝贵的企业真实案例。教材具体编写分工为：高田歌负责项目一、项目二和项目三，刘颖君负责项目四和项目六，刘敏负责项目五。主要编著人员包括长期活跃在教学一线并专注商务素养教育研究的教师，也包括培训经验丰富的企业高管，强调教材的实践性，努力做到商务素养教育的教学与实践统一。

本书内容包含6个项目，共15个任务，包括职场形象礼仪、商务会面礼仪、商务接待礼仪、商务沟通素养、办公室礼仪和跨文化交际素养。

本书得以出版要感谢电子工业出版社的编辑和浙江工贸职业技术学院同人的关心、支持和帮助。

在编写过程中，编著者参考和引用了大量国内外书籍和报刊上的资料，在此谨向相关资料的作者表示衷心感谢。由于编著者水平有限，本书难免存在不足和疏漏之处，敬请各位读者批评指正。

编著者
2023 年 5 月

目　　录

项目一　商务形象的成功设定——职场形象礼仪

任务一　女性职场着装礼仪 ·· 2
  1.1　职场服装选择与搭配 ·· 3
  1.2　职场着装与发型选择 ·· 7
  1.3　职场饰品选择 ··· 8
  1.4　职场妆容选择 ··· 10

任务二　男性职场着装礼仪 ··· 13
  2.1　西装的选择与穿着 ··· 14
  2.2　衬衫的选择与穿着 ··· 16
  2.3　领带的选择与搭配 ··· 18
  2.4　正装皮鞋的选择与搭配 ··· 22
  2.5　饰品的选择与搭配 ··· 24

任务三　职场仪态礼仪 ··· 28
  3.1　职场站姿礼仪 ··· 29
  3.2　职场行姿礼仪 ··· 31
  3.3　职场坐姿礼仪 ··· 32
  3.4　职场蹲姿礼仪 ··· 34
  3.5　职场微笑礼仪 ··· 36
  3.6　职场眼神礼仪 ··· 38

项目二　建立良好的客户关系——商务会面礼仪

任务四　商务见面礼仪 ··· 41
  4.1　称谓礼仪 ··· 42
  4.2　握手礼仪 ··· 44
  4.3　自我介绍 ··· 46
  4.4　介绍他人 ··· 49
  4.5　名片礼仪 ··· 52

任务五　商务拜访礼仪 ··· 56
  5.1　拜访前准备 ·· 57

5.2 拜访中礼仪 ·· 58
　　5.3 拜访结束礼仪 ·· 60

项目三　彬彬有礼的待客规则——商务接待礼仪

任务六　接待陪同 ·· 63
　　6.1 座次安排 ·· 64
　　6.2 敬茶礼仪 ·· 67
　　6.3 陪同客户 ·· 70
　　6.4 会议礼仪 ·· 72

任务七　商务宴请 ·· 77
　　7.1 中餐宴请 ·· 78
　　7.2 西餐宴请 ·· 80
　　7.3 敬酒礼仪 ·· 84
　　7.4 自助餐礼仪 ·· 87

任务八　商务馈赠 ·· 91
　　8.1 国内馈赠礼仪 ··· 92
　　8.2 国际馈赠礼仪 ··· 96

项目四　人际沟通的个人素养——商务沟通素养

任务九　口头沟通素养 ··· 100
　　9.1 聆听礼仪 ·· 101
　　9.2 赞美技巧 ·· 106
　　9.3 WIIFM 法则 ··· 107
　　9.4 说服和拒绝礼仪 ··· 108

任务十　电话沟通素养 ··· 115
　　10.1 接打座机礼仪 ··· 116
　　10.2 手机使用礼仪 ··· 119

任务十一　网络沟通素养 ··· 122
　　11.1 商务电子邮件撰写技能 ··· 123
　　11.2 即时通信工具使用礼仪 ··· 125

项目五　办公室里的职场交往——办公室礼仪

任务十二　办公室待人接物礼仪 ·· 129
　　12.1 办公室基本礼仪 ··· 130
　　12.2 职场员工的职业道德 ··· 132

任务十三　职场人际沟通礼仪 ·· 136

13.1 与同事交往的礼仪 ·· 137
13.2 与领导相处的礼仪 ·· 140
13.3 领导应具备的素养 ·· 141

项目六　多元文化的交织碰撞——跨文化交际素养

任务十四　影响思维方式的不同文化 ·································· 146
14.1 中国文化的渊源及其影响 ······································ 147
14.2 我国少数民族的交际礼仪习俗 ·································· 148
14.3 西方文化的渊源及其影响 ······································ 150
14.4 中西文化差异 ·· 151

任务十五　跨文化商务沟通 ·· 153
15.1 跨文化商务沟通中的非语言交流 ······························ 154
15.2 跨文化商务沟通中的语言交流 ·································· 156
15.3 跨文化交际冲突 ·· 158
15.4 "一带一路"与跨文化交流 ······································ 161

 # 商务形象的成功设定
——职场形象礼仪

学习目标

知识目标

掌握在商务交往中着装的TPO原则；
熟悉职场着装的基本元素选择与搭配；
掌握站姿、行姿、坐姿与蹲姿的基本要领。

能力目标

结合场合要求和自身特点选择适合的职场服装、发型及饰品；
在职场中仪态端正、落落大方。

素养目标

培养学生商务形象塑造能力，塑造良好的职业形象；
培养学生分析问题、解决问题的能力；
培养学生以礼待人、尊重他人的职业品格。

知识结构

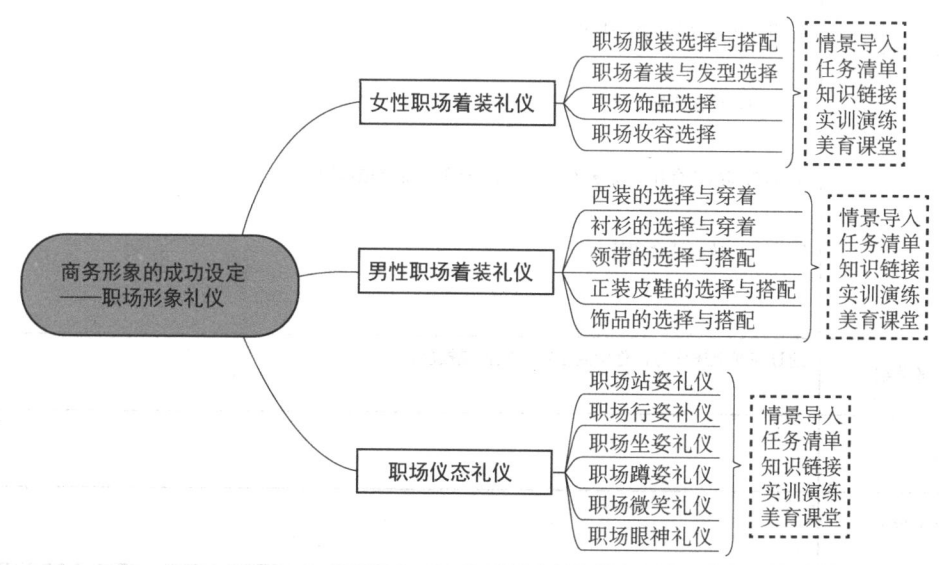

任务一　女性职场着装礼仪

情景导入

又是一年毕业季，和其他同学一样，毕业班的女生李冰也开始告别校园、步入社会，积极地寻找合适的就业岗位。在投了几份简历之后，李冰收到了一家心仪公司的面试通知，应聘商务文员的职位。在开心不已的同时，李冰想到一个问题：听说职场着装在面试分中占有很大的比例，穿什么样的服装才是合适的职场着装呢？人们都说自然才是美，当今社会强调"个性"着装，她可以穿校园中大家都喜欢的运动装去面试吗？

任务清单

任务书	
学习领域	女性职场着装礼仪
任务内容	女性职场服装选择与搭配 女性职场着装与发型选择 女性职场饰品选择 女性职场妆容选择
知识点探索	1. 职场着装 TPO 原则是什么？ 2. 女性职场着装的色彩与面料如何选择？ 3. 女性在职场中如何选择合适的发型？ 4. 哪些包适合在职场中使用？ 5. 小组讨论在职场中丝巾的搭配与打法。 6. 哪些饰品适合在职场佩戴？职场有怎样的饰品佩戴原则？ 7. 怎样的妆容适合职场？
任务总结	通过完成上述任务，你学到了哪些知识或技能？
实施人员	
任务点评	

> **知识链接**

1.1 职场服装选择与搭配

子任务一：请结合李冰应聘的职位，为她提供合适的职场服装搭配建议。

1.1.1 职场衣柜必备

很多刚入职场的女性在上班之前往往都会对着衣柜发愁：我穿哪件衣服去公司才显得专业，不会被认为是菜鸟？我在上学时买的牛仔裤还可以穿吗？在这里，我们提供了职场衣柜基本要素，以备参考。图 1-1 所示为正装与休闲装的区别。

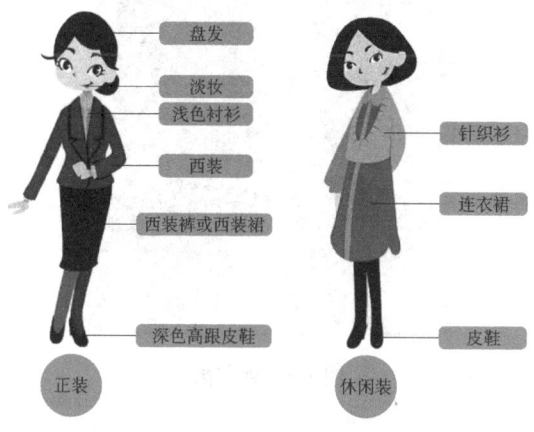

图 1-1　正装与休闲装的区别

1. 套装

女士职场着装以套装为主，面料和男士正装一样，以羊毛、羊绒、棉、亚麻等为主，避免选择过度闪光的面料。女士套装如图 1-2 所示。

图 1-2　女士套装

女性职场服装与饰品的选择与搭配

女士套装有两件套和三件套之分，两件套包括西装外套和长裤或西装外套和西装裙；

— 3 —

三件套包括西装外套、长裤和西装裙，其中长裤和西装裙分别与西装外套搭配穿着。西装裙套装比长裤套装更显得传统和正式。西装裙的长度以到达膝盖以上约 2.5 厘米为宜。

相比男士西装，女士职场套装的色彩选择较多。除了传统的海军蓝、绛红色、灰褐色、炭灰色等深色，湖绿色、驼色、裸粉色等中性色也是现代女性套装的常用颜色。在正式商务场合，应尽量避免选择亮橙色、玫红色等华丽色彩的套装。套装图案可以选择条纹、方格、小波点等规则的几何图形，避免夸张图案和卡通图案。

2. 连衣裙

在国际商务场合，女士可将无袖连衣裙搭配西装外套穿着。连衣裙的面料包括真丝、棉、亚麻及各种混纺面料等，颜色以白色、奶油色等保守色为主。连衣裙如图 1-3 所示。

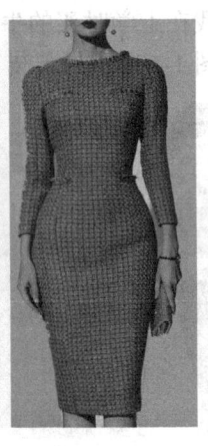

图 1-3　连衣裙

3. 衬衫

女士衬衫的颜色可以有多种选择，只要与套装相匹配即可。白色、奶油色和米色衬衫与大多数套装都能搭配。常见的女士衬衫面料包括真丝、纯棉和混纺，真丝是最好的衬衫面料，但价格会贵一些。纯棉是比较常见的衬衫面料，但要保证浆过并熨烫平整。女士衬衫如图 1-4 所示。

图 1-4　女士衬衫

4. 丝袜和鞋

女士穿裙子应当搭配干净、无破洞抽丝的长筒丝袜或连裤丝袜，颜色以肉色、黑色最为常用，肉色长筒丝袜配长裙、旗袍最为得体。女士的袜子一定要大小相宜，袜子太大就会往下掉，或者显得一高一低。尤其要注意，女士不能在公众场合整理自己的长筒袜，而且袜口不能露在裙摆外边。女士不要穿网袜或带图案的袜子,应随身携带一双备用的透明丝袜,以防袜子拉丝或跳丝。

在正式商务场合中,女鞋不宜露脚趾、后跟或带有鞋襻,皮质要好。鞋的颜色应略深于套装颜色。鞋跟以 3~5 厘米高为宜,超过 5 厘米仅适宜在工作以外的场合穿着。凉鞋、运动鞋都不适宜在商务场合穿着。高跟鞋如图 1-5 所示。

图 1-5　高跟鞋

5. 国际商务女士职场着装的注意事项
(1) 在穿着套装之前,一定要撕掉价格标签。
(2) 在穿着套装、衬衫之前务必将其熨烫平整。
(3) 在正式场合,套装的扣子一定要全部系好。
(4) 在穿着之前,认真检查服装是否掉扣,丝袜是否有抽丝和破洞情况。
(5) 全身着装的颜色,包括皮鞋、皮包的颜色,不得超过 3 种。
(6) 在正式场合,在任何情况下,都不要卷起袖口和裤腿。

> 小贴士　职场绝对不可以穿着的服装类型
>
> (1) 背心。
> (2) 过度紧身的服装。
> (3) 过度袒露的服装。
> (4) 透视面料的服装。
> (5) 太短小的服装。
> (6) 破洞、褪色的牛仔裤。

【技能训练】小组讨论图 1-6 中的服装是否符合职场穿着。

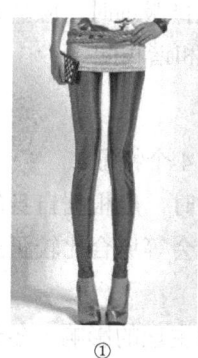  

① ② ③

图 1-6　各种服装类型

图 1-6　各种服装类型（续）

1.1.2　商务着装的 TPO 原则

在商务场合中，衣着体现一个人的气质和品位，职场着装要想规范、得体，就要牢记并严守 TPO 原则。T、P、O 三个字母，分别是时间（time）、地点（place）、场合（occasion）3 个英文单词的缩写。也就是说，职场女士在选择服饰时，应当兼顾时间、地点和场合，并力求使自己的着装与着装的时间、地点、场合和谐相配。

1. 时间原则

着装的时间原则，有时间性、四季性、年龄性和时代性 4 个特征。

（1）着装应考虑一天的时间变化。通常来讲，白天工作时，应根据自身的工作性质，选择合适的职场服装，以体现专业性；而晚间的宴请、音乐会等场合比较正式，以晚礼服等为主，符合典雅端庄的原则。

（2）春、夏、秋、冬四季气候条件变化对着装有心理和生理的影响。冬天的服饰应以保暖、轻快、简练为原则。夏天的服饰应以简洁、凉爽、大方为原则，拖沓累赘的装饰会使周围的人产生闷热烦躁的感觉，自己也会因为汗水淋漓而显得局促不安。

（3）年龄性是指着装应与年龄相吻合。由于年龄的差异，服装的款式和色彩均有差异。在踏入职场之后，穿着打扮应顺应年龄的增长和职位的改变，主动回避那些慵懒随意的学生形象或者娇娇女般的公主风格。

（4）时代性是指时间的差异。着装要顺应时代的潮流和节奏，过分复古（落伍）或过分新奇（超前）都会拉大与公众的心理距离。

2. 地点原则

在职场中，应穿职业套装，显得专业；在外出时，要顾及地方传统和风俗习惯，如去教堂或寺庙等场所，不能穿过于暴露或过短的服装。

3. 场合原则

场合原则是指服饰要与穿着场合的气氛相协调。在面对客户的正式商务场合，衣着应庄重大方。例如，男士应着西装套装或职业制服；女士可着套装、套裙，切忌服装色彩过于鲜艳。在办公室等商务休闲场合，夹克、便装可以体现开放、友好的工作气氛。

【技能训练】分组讨论在不同情形下（如商务会议、商务晚宴、商务谈判等）的服装礼仪要求。

1.2 职场着装与发型选择

子任务二：分小组讨论，每组选出一名学生模特，观察模特的发型是否符合职场标准。如果模特发型不符合职场标准，应怎样改进？

初次和客户见面，对方首先注意到的是你的头部，因此发型在第一印象中占据较大的比例。时尚白领的发型应体现职业、干练、知性、简洁的特征。蓬头垢面的形象容易给人不修边幅的印象；而马尾辫或者清汤挂面般的长发容易让人感觉你还是学生，不能够胜任目前的工作。

1. 整洁

不管是长发还是短发，都应保持发型整洁，定期洗头，避免出现油腻、头皮屑等问题。长发不要披散在肩上，应盘起来或者梳成发髻，露出额头和眉毛，碎发最好用定型水固定，增添自信和干练气质。

2. 简单

不宜烫染过于夸张的发型和发色。女士的头发最好不挡住眼睛，出席正式商务活动最好将长发挽束。头发上不要佩戴过分夸张花哨的发饰。

3. 发型与脸型的搭配

（1）圆脸型的发型。

头发尽量不留刘海，侧分可以增加高度；脸部两侧的头发宜稍长，长过下巴是最理想的；两边的头发要紧贴耳际，不要露出耳朵，把脸圆的部分盖住，显得脸长一些。

（2）长脸型的发型。

以多层次、两侧蓬松的发型为宜。同时，可以在前额处留刘海，前额的刘海可以缩短脸的长度，两边修剪少许短发，盖住腮帮，脸就不显得长了。

（3）方脸型的发型。

以多层次、柔和的发型为主。顶部头发蓬松，刘海一定要短，甚至不要刘海，弱化脸部的硬线条。最简单的就是选用斜的偏分刘海，使脸型变得柔和。

（4）倒三角或菱形脸型的发型。

适合留短发。上面的头发要蓬松，下面轻盈一点，层次感大一些，修剪出刘海可以显得有亲和力。

> **小贴士** 发型与脸型搭配的六大误区
>
> （1）圆脸型中分。
> （2）长脸型不留刘海。
> （3）方脸型剪平直或中分发型。
> （4）东方人做沉重的大卷发。
> （5）倒三角或菱形脸型梳厚重的发型。
> （6）脸大剪清爽的短发。

1.3 职场饰品选择

子任务三：分小组讨论，图1-7所示的饰品是否适合在商务场合佩戴。

图1-7 各种饰品

职场女士常用的饰品包括手袋、首饰、丝巾等。

1. 手袋

职业女性在对手袋的选择上，应从"上"而为。如果你所在的公司或你的行业要求在你这个层次的人员使用某种特定类型的手袋或提包，那你最好这样做。购买公文包时应注意以下几点。

（1）公文包不应显得过于男性化，不要买过大的提包。

（2）棕色或茶色的公文包为女士公文包的基本色。

（3）一个公文包内的设计工艺比其外观重要得多。购买公文包之前，最好把日常用到的所有文件都带上，看看是否合适。

（4）不要买样式过度夸张的公文包，公文包一定要使人看上去显得职业化。

图 1-8 为职场女士常用手袋类型。

图 1-8　职场女士常用手袋类型

2. 首饰

在职场中，首饰能够反映出一个人的审美品位和素养，职场女性需要表现出干练却又不失女性角色优雅的一面，佩戴适当的首饰才能为整体造型加分。在商务场合使用首饰应注意以下几点。

（1）服装款式与首饰搭配。

职业装需要搭配简练大方的首饰，如服装是偏休闲的，则可以佩戴一些比较有造型艺术的首饰，这样能将你的个性更好地彰显；如穿着的是直线条块面组合的简洁套装，则可以选择一些精巧的小耳钉搭配串珠、挂件项链，这样更能彰显白领丽人的干净雅致。

（2）根据服装颜色搭配首饰。

除了服装款式，首饰也需要注意在色彩上的搭配，冷色系服装以冷色系首饰为主，如铂金或银饰，暖色系服装则以金色或珍珠装点。当然，大家也可以考虑配套的首饰，这类首饰色彩造型一致，具有很好的连贯统一的视觉效果。在正式场合中，选用与服装相称的套件首饰可显得隆重而气派不凡，两件套首饰大多数时候最受青睐。

（3）根据不同场合搭配首饰。

在职场办公区，想在职场上表现出色的女性，可以选择一些简约大气的首饰款式，在突出干练气质的同时又能很好地展现优雅的气质。经常需要外出的上班族，可以将首饰搭配成对，以提升个人形象。久坐办公室的上班族或长时间使用计算机的女性，多选择耳环及项链，工作时手部动作较多的，戴戒指容易影响手指灵活度，可考虑选择更简单的戒指款式。

3. 丝巾

如图 1-9 所示，丝巾的轻盈飘逸和柔亮光泽可以衬托女性的柔美气质，增添女性的魅力。根据尺寸，丝巾可以分成方巾和长条巾两种。一般主流丝巾的材质为丝质，其中以桑蚕丝为原料的丝质丝巾为首选。桑蚕丝特有珠光及柔软纤细质地，与任何质料的服装都可以搭配，具有画龙点睛的效果。其他材质，有亚麻、棉、羊毛、呢、混纺等，可以根据季节进行选择。

图1-9　丝巾

【技能训练】小组讨论职场丝巾的打法。

1.4　职场妆容选择

子任务四：讨论职业女性化妆的注意事项。

很多刚刚步入职场的女生常常有这种困惑：上班必须化妆吗？素颜有什么不好？不是说"清水出芙蓉"最美吗？事实并非如此。化妆是对他人的一种尊重，尤其在职场中，保持良好的个人形象和适当的妆容会让你显得更专业和有权威感。

1. 妆成却似无

商务人员应化淡妆。职场妆容与生活妆容不同，没有经过专业培训的职场新人很可能踏入化妆误区，给他人留下不好的印象。职场化妆礼仪要求化妆后的效果是简约、清丽、素雅，具有鲜明的立体感。妆容给人深刻的印象，又不能显得脂粉气十足。总体来说，就是既清淡，又传神。

2. 妆容的统一

首先，妆容应上下统一。很多初接触化妆的女性很容易犯的一个错误是脸和脖子的颜色不一样。原因主要有两个：一是很多女性忘记或者怕麻烦，只在脸上涂粉底，而忽略了脖子上的大面积皮肤；二是肤色偏暗的女性朋友在选粉底的时候一味求白，并没有考虑个人的肤色，结果出现尴尬的情况。其次，妆容应该与服装统一。蓝色、紫色等冷色系的服装应搭配粉色、浅紫等冷色系的妆容；而橙色、大红色等暖色系的服装应搭配橘色、酒红色的暖色妆容。

> **小贴士　职场化妆技巧**
>
> 1. 底妆
>
> 粉底液分额头、两侧脸颊两部分涂抹：脸颊部位用手指从内向外涂开，顺便涂嘴周围；额头部分从中间向两边涂开，顺便向下涂鼻子和上眼皮。粉底涂开后，用海绵

项目一　商务形象的成功设定——职场形象礼仪

按压，可以使粉底更好地贴合肌肤，不易脱妆。用粉扑轻轻蘸上散粉在脸上滑过，薄薄地涂上一层散粉，更容易上彩妆，而且可以使皮肤看起来更细腻。

2．眼妆

（1）涂眼影。用眼影刷蘸棕色眼影粉，涂整个上眼皮和下眼皮靠近眼尾一侧1/3处。

（2）画眼线。轻轻地外拉眼睑皮肤，这样就会产生一个光滑的表面。从外眼角开始，轻轻地朝中间画，然后再从内眼角开始向中间画。

（3）用睫毛夹卷睫毛。睫毛根部、中间、头部分3次夹，会让你拥有自然上翘的睫毛。

（4）涂睫毛膏。上睫毛用睫毛刷左右来回涂，使睫毛上全部涂满。下睫毛用睫毛刷的尖部轻轻扫过即可。

（5）画眉。首先找到眉头、眉峰、眉尾。用眉刷蘸取眉粉，眉粉的颜色应接近发色。从眉头扫至眉峰再到眉尾。刷眉粉时，力度应从重到轻，在眉尾处轻轻带过即可。如果眉毛比较稀少，先用眉刷蘸取眉膏填充出完整的眉形，尤其要画出比较清晰的眉尾。用眉扫将画过的眉毛，以略微倾斜的角度轻刷，让眉色和眉型看上去更自然。

3．腮红

用腮红刷蘸少许腮红粉，在纸巾上按两下，去掉不必要的余粉，从脸部中央开始涂刷。

4．唇膏

用手指蘸少许唇膏涂在唇上即可。唇膏上面可以涂一层唇蜜，这会让你看起来神采奕奕。

【技能训练】根据提供的化妆品，练习职场化妆。

实训演练

以小组为单位，结合以下商务场景给出合适的着装搭配。
1. 与客户进行第一次商务会议洽谈。
2. 参加温州初贝贸易有限公司的线上面试。
3. 与重要客户签约后，宴请对方。

美育课堂

旗袍文化的东方神韵

旗袍是华人女性的传统服装，被誉为国粹和女性国服，是我国悠久的服饰文化中表现绚烂的品类之一。旗袍自产生起，就成了东方服饰艺术的载体。旗袍从诞生到走向世界，逐渐被更多的人喜闻乐见，由此可见服饰背后蕴含着传统文化的底蕴。近十几年来，旗袍在国际时装舞台频频亮相，风姿有胜当年，被作为一种有民族代表意义的正式礼服出现在各种国际社交礼仪场合。

要通过旗袍散发出东方女子的柔婉韵致，面料是第一关，好的面料能够完美地贴合肌肤，拥有艳而不妖、正而不奢的色泽，不仅穿起来舒适，还能够彰显女子的婉约与内秀。旗袍的面料主要有真丝、织锦、丝绸、丝绒、棉布、绸缎等。那么，应该怎么选择呢？这里建议根据季节来选。春夏气候温暖，可以选用相对轻薄的面料，如沁凉滑腻的真丝、绸缎、棉麻，上身触感更舒服。秋冬季节，适合选择织锦、丝绒之类的面料，看起来更有雍容华贵感，也更保暖。此外，因为旗袍需要保持一定的廓形，所以衣料的垂坠感至关重要，不小心留下的褶子只会增添旗袍的廉价感。

在挑选旗袍时，大家还需要重视的一点就是颜色。除特别场合之外，建议大家不要选择颜色过于鲜艳的旗袍。色艳压人，颜色过头不仅喧宾夺主，而且温润如玉的气质全无，让人反显风尘气。

在正式商务场合，无袖的、露肩的或露胸的旗袍，或者毛皮绲边超短等前卫时尚款式的旗袍，不适合大多数人日常穿着。超高开衩旗袍，其风格和袒胸露背的服装具有相似的效果。只有在演出场合，或者有特别要求的场合，才能穿将衩开到大腿中部以上的高开衩旗袍。在日常工作或休闲场合，站立时旗袍开衩不高于膝盖上缘5厘米，这样在坐下时才会比较雅观。

穿旗袍时最好选择连裤袜，这样就不用担心袜口从旗袍开衩处露出了。注意，穿旗袍不能穿短袜。需要注意的是，不要选择与丝袜摩擦起静电的旗袍面料。丝袜颜色以肤色为佳，不要穿带花纹的袜子，也不要穿网眼袜。鞋的款式要与旗袍风格相配，旗袍不要搭配厚底鞋，否则与旗袍婉约秀雅的风格相悖。轻薄面料的旗袍内应穿衬裙，但衬裙不能露出，内衣的轮廓也不能透出。耳环、项链、压襟、胸针、手镯、手链、戒指，在风格、颜色和款式上如果能与旗袍协调，就会起到锦上添花的作用。

任务二　男性职场着装礼仪

情景导入

张明是国际经济与贸易专业的一名毕业生，经过层层面试，他如愿进入本地一家外贸公司。可是，第一天上班的他犯了难：应该西装革履地去上班呢，还是穿着随意一些？老师说工作场合穿衣服不能太随便，但穿西装打领带，会不会太正式，反而被同事嘲笑？

任务清单

任务书	
学习领域	男性职场着装礼仪
任务内容	西装的选择与穿着 衬衫的选择与穿着 领带的选择与搭配 正装皮鞋的选择与搭配 男士饰品的选择与搭配
知识点探索	1. 公务西装和休闲西装有哪些不同的地方？ 2. 商务衬衫搭配西装有哪些注意事项？ 3. 最常见的领带打法有哪些？ 4. 德比鞋和乐福鞋，哪种更适合职场？ 5. 小组讨论职场中男士公文包有哪些使用注意事项。
任务总结	通过完成上述任务，你学到了哪些知识或技能？
实施人员	
任务点评	

知识链接

2.1 西装的选择与穿着

子任务一：结合图 2-1，小组讨论哪种西装更适合正式场合。左图与右图西装的区别有哪些？

男士职场西装的选择与穿着

图 2-1 两种不同的西装

挑选西装是一门艺术，细节上的差别会对形象的塑造产生很大的影响。按功能分类，西装可分为公务西装、休闲西装、礼服西装等。鉴于西装在对外活动中往往充当正装或礼服，西装面料的选择应力求高档。按照惯例，越是正规的场合，越讲究穿单色西装。下面我们简要介绍一下公务西装和休闲西装的穿着要领。

2.1.1 公务西装的穿着要领

如图 2-2 所示，公务西装的挺度和坠度都比较好，在款式上比较简单，但能极大限度地修饰男士的身材，是商务男士最好的"战袍"。

将西装套装作为正式交际场合的礼服，其色彩应较暗、沉稳，以藏蓝、灰色为主，且无明显的花纹图案。西装套装上下装的颜色应一致，最好用毛料制作，裁剪合体，整洁笔挺。在半正式交际场合，如在办公室参加一般性的会见，可穿色调比较浅的西装。

图 2-2 公务西装

穿双排扣的西装，一般应将纽扣都扣上。穿单排扣的西装，一粒扣的，扣或不扣都可以；两粒扣的，扣顶端一颗；三粒扣的，扣顶端前两颗。穿着西装，应站时系扣，坐时解扣。西装的衣袋和裤袋里不宜放东西。西装的左胸外面有个口袋，这是用来插手帕的，起装饰作用，在胸袋里不宜插钢笔或放置其他物品。

小贴士　穿着西装的步骤

第一步，拆除商标。穿西装前，要把上衣左袖口的商标或质地标志拆掉。有些高档西装，在你购买的时候，服务员就为你将商标或质地标志拆掉了。

第二步，扣好纽扣。不管穿什么衣服，都要注意把扣子扣好。穿西装时，上衣纽扣的扣法讲究最多。起身站立后，上衣的纽扣应当系上。就座后，上衣的纽扣可以解开，以防衣服走样。如果是单排扣上衣，里面穿了背心或羊毛衫，站着的时候可以不扣扣子。

第三步，避免卷挽。不可以当众随心所欲地脱下西装上衣，也不能把衣袖挽上去或卷起西裤的裤筒，否则就显得粗俗、失礼。

第四步，减负。为使西装在外观上不走样，西装口袋少装甚至不装东西。上衣、背心和裤子也要这样。西装上衣的外胸袋除了用来放装饰用的真丝手帕，不要再放其他东西。内侧的胸袋可以放钢笔、钱夹或名片夹，但不要放太大、太厚的东西。外侧下方的两个大口袋，在原则上不放东西。

【技能训练】演练西装套装的穿着步骤并讨论注意事项。

2.1.2 休闲西装的穿着要领

如图 2-3 所示，休闲西装的款式多样化，面料比较容易皱，一般采用天然纤维（棉、麻、毛、皮等），是商务人士在非正式场合的必备之选。

图 2-3 休闲西装

在半正式交际场合，如在办公室参加一般性的会见，可穿色调比较浅的西装。在非正式场合，如外出游玩、购物等，如穿西装，则最好穿单件上装，配以其他色调和面料的裤子。大格子浅灰色西装搭配深蓝色的窄领带，即便在休闲场合穿着，也能在人群之中凸显出来，并且显得非常帅气、有个性和时尚。

小贴士　男士西装混搭

西装是男人衣柜里必须保留的单品，就像每个女人都应该拥有一件小黑裙一样。出席正式场合需要正式的西装套装，日常用休闲西装可以有不同风格的搭配。

1. 牛仔夹克当内搭

西装里内搭的衣物现在不再只是衬衫、马甲和毛衣了，牛仔夹克都可以穿在里面。从敞开的西装领口能清楚地看到牛仔夹克的质感轮廓，两种质感的面料混合在一起，有种奇妙的和谐感。当然，西装肯定要选择休闲款。

2．颜色丰富的围巾

若单穿西装太单调，可以在配饰方面下功夫。除了领带、胸针、手帕，还可以选一条颜色丰富的围巾，显得温暖又时尚，若配上合适的帽子则更佳。

【技能训练】搜索娱乐界男星与商界男士穿着西装的图片，讨论并点评他们的穿着是否符合相应的场合。

2.2 衬衫的选择与穿着

子任务二：小组课前准备一张适合搭配西装穿着的衬衫图片，在课堂上讲解商务衬衫适合的材质、颜色、样式及花纹图案。

衬衫是男士穿着西装的点睛之笔。一件质地精良、搭配得宜的衬衫不仅可以完美地呈现男人的优雅，还能为男人的形象锦上添花，可谓男人形象的最佳注脚。

2.2.1 正装衬衫的选择

和西装一起穿的衬衫，应当是长袖的，材质以纯棉、纯毛制品为主的正装衬衫。以棉、毛为主要成分的混纺衬衫，也可以酌情选择。正装衬衫必须是单一色彩的，白色衬衫是最佳选择。另外，蓝色、灰色、棕色、黑色也可以考虑。正装衬衫最好是没有任何图案。较细的竖条衬衫在普通商务活动中也可以穿着，但不要和竖条纹的西装搭配。印花衬衫、格子衬衫，以及带有人物、动物、植物、文字、建筑物等图案的衬衫，都不是正装衬衫。

正装衬衫的领型多为方领、短领和长领。具体选择时，要兼顾本人的脸型、颈长及领带结的大小，它们之间的反差不要过大。立领、翼领和异色领的衬衫，不太适合和正装西装配套。

当正装衬衫和西装配套时，我们应注意以下几点。

（1）扣上衣扣。穿西装的时候，衬衫的所有纽扣都要扣好。只有在不打领带时，才可以解开衬衫的领扣。

（2）下摆收好。穿长袖衬衫时，要把下摆均匀地掖到裤腰里面。

（3）大小要合身。除休闲衬衫外，衬衫都不要太短小紧身，也不要过分宽松肥大，一定要大小合身。衬衫衣领和胸围要松紧适度，下摆不能过短。

在自己的办公室里，可以暂时脱掉西装外套，直接穿长袖衬衫，打领带。

> **小贴士　法式衬衫**
>
> 按照式样，衬衫有美式、法式、意式、英式多种。目前市场上的大多数衬衫是由美式版型发展而来的，但法式衬衫是公认最为优雅高贵的衬衫，它以漂亮的叠袖和袖扣著称，用于搭配正装。
>
> 一件真正的法式衬衫特点很多，但双叠袖配搭袖扣、前胸无袋、相对收身的设计是最主要的特点。

1. 奢华法式叠袖

法式衬衫的法式叠袖大大增强了衬衫的装饰性，如图 2-4 所示。法式衬衫的袖口有衬里的加厚部位比普通衬衫长一倍，长出来的部分穿时要翻叠过来，并将需要合并的开口处平行并拢，用制作精美的袖扣穿过它固定。这时候，袖口正面看起来不是圆形，而是水滴形。从侧面看，衬衫袖口露出西装袖口，形状是较宽的竖着的长方形，扣子的位置则镶有金属或宝石。造型各异的法式专用袖扣，看来精美迷人。

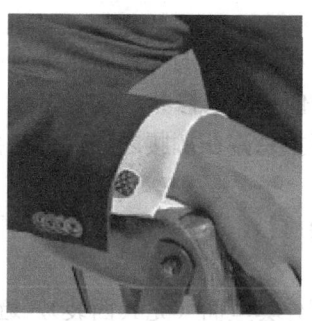

图 2-4　法式叠袖

2. 法式衬衫的活灵魂：袖扣

如图 2-5 所示，袖扣是专门搭配法式双折边袖口的扣钉或扣链，它常被称作"男人的珠宝"，对于法式叠袖衬衫来讲，袖扣扮演着非常重要的角色，若不多加注意则会"一招不慎，全盘皆输"。同时，这个隐蔽的暗角也是男人充分展示个性的关键部位。如果把袖口接触皮肤的一面称为 A 面，将另一面称为 B 面，法式衬衫就是先使袖口两边的 A 面互相接触，再把连接袖扣"扣子"部分的那根针从手背的袖口那边穿下，然后从手心那边的袖口穿出，并且固定住。

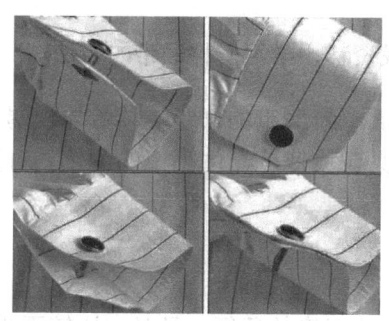

图 2-5　袖扣

【技能训练】去商场观察和查找资料，讨论搭配西装衬衫的主要特征。

2.2.2　正装衬衫的穿着要领

（1）衬衫款型要分清。在正式场合穿西装或礼服时，应选内穿型衬衫；将衬衫穿在夹克或中山装里面时，内穿型最好，内外兼穿型次之。当衬衫仅作为外衣穿着时，外穿型或内外兼穿型是比较适当的选择。

（2）在正规场合应穿白衬衫或浅色衬衫，配以深色西装和领带，以显得庄重。

（3）衬衫袖子应比西装袖子长出 1 厘米左右，这样既能体现出着装的层次，又能保持西装袖口的清洁。

（4）当衬衫搭配领带穿着时（不论穿西装与否），必须将领口的纽扣和袖口的纽扣全部扣上，以彰显男士的刚性和力度。

（5）衬衫领子的大小，以能够塞进一个手指为宜。脖子细长者尤忌领口太大，否则会给人羸弱之感。

（6）不打领带穿西装时，衬衫领口处的一粒纽扣绝对不能扣上，而门襟上的纽扣必须全部扣上，否则就会显得过于随便和缺乏修养。

（7）搭配西装时，衬衫的下摆忌露在裤腰之外，这样会给人不伦不类之感，反之会使人显得精神抖擞、充满自信。

（8）尽量选穿曲下摆式样的衬衫，这种衬衫既便于将下摆掖进裤腰内，又穿着舒适，腰臀部位显得平顺美观。

（9）外穿型衬衫忌穿在任何外套里面（尤其西装），避免给人臃肿、不和谐的感觉。

（10）正式的短袖衬衫可搭配领带出现在正式场合。这样既适应炎热的气候环境，又不失男子汉风度。

（11）新买来的衬衫，必须洗涤之后再穿，以除去在生产过程中可能产生的脏污，确保贴身穿着时的清洁卫生。

（12）衬衫应勤洗勤换，衬衫领子脏，会给人不负责任之感。

【技能训练】选择一名模特进行衬衫穿着演练。

2.3 领带的选择与搭配

子任务三：课前通过查找资料，学习一种领带的打法。

学会打领带是男人在生活中最严肃的一步。领带体现男人的概念和风格，是男人每日变换服装效果最有效的工具。领带是一件小小的配饰，对男士的形象却有着不可忽视的作用。

2.3.1 领带的选择

领带是男士衣着品位和绅士风度的象征，凡是在比较正式的场合，穿西装都必须打领带。领带的最高档、最正宗的面料是真丝与纯毛。除此之外，尼龙亦可用来制作领带，但档次较低。其他面料，如棉、麻、皮革、塑料、纸张、珍珠等制作的领带，大多数不适合在正式场合使用。

领带的花色有纯色、圆点、佩斯利花纹、斜条纹、小花纹、格子花纹等。斜条纹、圆点、纯色领带显得正式，小花纹、佩斯利花纹领带显得古典，而格子、针织（平头）领带显得轻松和休闲。

一般来说，颜色越淡的花色越稳妥。领带必须根据衬衫的颜色来搭配，领带花纹或图案以保守沉稳为宜，如斜纹、小圆点、小方块或规则重复的小图案等，都是不错的选择。

无论同色系还是对比色彩搭配,只要使领带具有画龙点睛的效果,整体造型就都十分突出,品位也能立即展现。

> **小贴士　领带的长度**
>
> 　　成人日常所用的领带,通常长 130~150 厘米。领带长度应根据人的身高及领带的打法来定:领带打好之后,外侧应略长于内侧,其标准的长度应当是领带的尖端恰好触及皮带扣,如图 2-6 所示。这样,当外穿的西装上衣系上扣子后,领带的下端便不会从衣服下面"探头探脑"地露出来。出于这一考虑,不提倡在正式场合选用难以调节长度的"一拉得"领带。

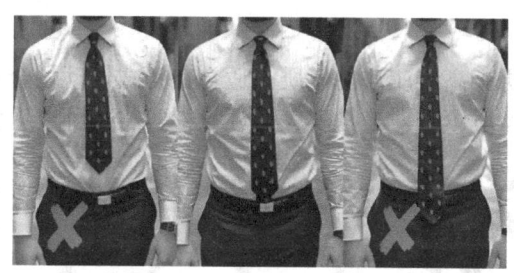

图 2-6　不同长度的领带

【技能训练】从网上查找西装模特图片,评价他们的西装搭配是否到位。

2.3.2　领带的打法

1. 平结

平结是男士选用最多的领带打法之一,几乎适用于各种材质的领带。平结完成后领带呈斜三角形,适合窄领衬衫,如图 2-7 所示。

图 2-7　平结打法

西装领带的选择与打法

2. 双环结

一条质地细致的领带搭配双环结颇能营造时尚感。双环结适合年轻的上班族选用。该领结的特色在于第一圈会稍露出于第二圈之外,切勿刻意将其掩盖,如图 2-8 所示。

图 2-8　双环结打法

3. 交叉结

交叉结是单色素雅质料且较薄的领带适合选用的打法。喜欢展现流行感的男士不妨多使用交叉结。交叉结的特点在于打出的结有一道分割线，适用于颜色素雅且质地较薄的领带，非常时尚，如图2-9所示。

图2-9 交叉结打法

4. 双交叉结

双交叉结能够体现男士高雅庄重的气质，适合在正式活动场合选用，如图2-10所示。这种领带打法适合素色丝质领带，若搭配大翻领衬衫，将有种尊贵感。

图2-10 双交叉结打法

5. 四手结

四手结在所有领结中是最容易上手的，适用于各种款式的浪漫系列的衬衫及领带。它通过四个步骤就能完成，故名为四手结。它是最便捷的领带打法，适合宽度较窄的领带，搭配窄领衬衫，风格休闲，适用于普通场合，如图2-11所示。

图2-11 四手结打法

6. 温莎结

温莎结因温莎公爵而得名，它是最正统的领带打法，打出的结呈正三角形，饱满有力，适合搭配宽领衬衫，用于出席正式场合，如图2-12所示。该领带结应多往横向发展，避免使用材质过厚的领带，领带结也勿打得过大。

图2-12 温莎结打法

7. 半温莎结（十字结）

半温莎结（十字结）是温莎结的改良版，最适合搭配浪漫的尖领及标准式领口系列衬衫。半温莎结是形状对称的领带结，比普瑞特结略大，比温莎结小，如图2-13所示。半温莎结适合较细的领带，以及搭配小尖领与标准领衬衫，同样不适用于质地过厚的领带。

图2-13　半温莎结打法

8. 亚伯特王子结

亚伯特王子结适用于浪漫扣领及尖领系列衬衫，搭配浪漫质料柔软的细款领带，如图2-14所示。因为要绕三圈，所以领带质地切勿较厚。

图2-14　亚伯特王子结打法

9. 浪漫结

浪漫结是一种完美的结型，故适用于各种浪漫系列领口及衬衫。浪漫结能够靠褶皱的调整自由放大或缩小，而剩余部分的长度也能根据实际需要任意掌控。浪漫结形状匀称，领带线条顺直优美，容易给人留下整洁严谨的良好印象，如图2-15所示。

图2-15　浪漫结打法

10. 简式结（马车夫结）

常见的简式结（马车夫结）是所有领带打法中最简单的，尤其适合厚面料领带，不会使领结显得过于臃肿累赘，如图2-16所示。它最适合搭配标准及扣式领口衬衫，简单易打，非常适合在商务旅行时使用。其特点在于，先将宽端以180°由上往下扭转，并将折叠处隐藏在后方完成打结，完成后可调整领带长度，在外出整装时方便快捷。

图2-16　简式结打法

> 小贴士　温莎结

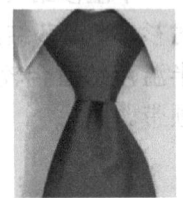

图 2-17　温莎结

温莎结是一种形状对称、尺寸较大的领带结，适合宽衣领衬衫及商务和政务场合，如图 2-17 所示。温莎结的缺点是不适合搭配狭窄衣领衬衫。如果使用厚领带，打出来的温莎结就太大。温莎结并不是温莎公爵发明的，而是出自他的父亲乔治五世。但是，温莎公爵善于研究，并由衷地喜欢父亲这种领带结打法，在出席很多公开场合时都搭配温莎结，间接推动了温莎结名扬天下的进程。

【技能训练】练习平结和温莎结的打法。

2.4　正装皮鞋的选择与搭配

子任务四：讨论适合搭配西装的皮鞋款式。

一双好的皮鞋不仅穿起来健康舒适，还能够体现一位男士对形象的用心，关系到个人的仪表风度，是一位男士魅力的最好证明。对于崇尚成熟稳重的成年男士而言，皮鞋绝对是首选。这里主要介绍几种常见款式皮鞋的特点及其搭配方式，分别是牛津鞋、布洛克鞋、德比鞋、僧侣鞋及乐福鞋。

1. 牛津鞋

牛津鞋是目前最为正式的皮鞋款式，可搭配的范围很广，搭配正式的西装套装和商务便装均可，如图 2-18 所示。牛津鞋的特点是，鞋子楦头及鞋身两侧做出如雕花般的翼纹设计，不仅为皮鞋带来装饰性的变化，更透露出低调雅致的人文情怀，勾勒出典雅的绅士风范。牛津鞋比较适合正式严肃的场合，在通常情况下搭配正装，所以经典百搭的黑色是首选。

图 2-18　牛津鞋

2. 布洛克鞋

布洛克鞋的特征是鞋头有精致的花卉钉孔图案，有装饰性孔眼和锯齿状拼接，如图 2-19 所示。W 形的孔眼排列最经典，被称为翼尖形纹案。鞋头处孔眼的设计初衷是沥出在湿地步行时渗入鞋内的水。布洛克鞋一定要选择最经典的棕色，它绝对是实穿百搭的典范。

图 2-19　布洛克鞋

3. 德比鞋

德比鞋也属于正装皮鞋，其正式度次于牛津鞋。与牛津鞋相比，德比鞋的鞋舌和鞋面是连在一起的，如图 2-20 所示。穿好后的牛津鞋看不到鞋舌，而德比鞋可以。德比鞋是在欧洲非常流行的一种绑带鞋的统称，鞋子的设计颇具舒适感。

图 2-20　德比鞋

4. 僧侣鞋

僧侣鞋也称为孟克鞋，如图 2-21 所示。它的标志性的特征是横跨脚面、有金属扣环的横向搭带，分单扣和双扣款式。僧侣鞋最早出现于系带鞋发明之前的时代，因此是西方最古老的鞋种之一。

图 2-21　僧侣鞋

5. 乐福鞋

乐福鞋指的是无鞋带的平底或低帮皮鞋，特点是易穿易脱，是男性便装鞋款中的经典款式，如图 2-22 所示。乐福鞋最早流行于美国东部校园，因在横跨鞋面的带子上面有一个刚好能塞下 1 美分硬币的菱形切口而得名。乐福鞋是男士休闲皮鞋款式里的经典款式，最能凸显男士优雅的气质。

图 2-22　乐福鞋

> 小贴士　正装皮鞋的颜色搭配技巧

正装皮鞋的颜色应选择比衣服更暗的颜色。浅色的皮鞋或袜子会把他人的视线吸引到脚部，连带着把视线引到下半身，会让人显得个子较矮。深海蓝色或灰色套装搭配黑色皮鞋或棕色皮鞋，棕色色调的套装配棕色皮鞋。

（1）最易搭配的方法是裤、袜、鞋采用色系组合。

（2）裤子与鞋用同色系，而袜子用不同的颜色，但应避免反差太大的颜色，如黑与白。

（3）裤子为一种颜色，而鞋和袜子用同色系，这样更能突出个性。

每个人只有结合自己的特点和个性来选择，才能取得良好的效果。

【技能训练】讨论比较常见的藏蓝色、中灰色、炭黑色、棕色和黑色西装分别与哪些颜色的皮鞋相搭配。

2.5　饰品的选择与搭配

子任务五：课前通过网络搜索和文献翻阅，找出一张你认为饰品搭配符合正式场合的男士模特图片，在课堂上进行小组讨论。

2.5.1　皮带

男性的穿着不像女性那样变化多样，所以，男性想表现自己的优雅，就少不了腰间的一条皮带，如图 2-23 所示。皮带的质地通常有猪皮、牛皮、羊皮、鳄鱼皮和帆布几种，这些类型的皮带由于材质和加工工艺的不同，呈现出迥异的风格。高质量的皮带应该是全皮的，牛皮是制作正装皮带最常用的材质。

在皮带的选择上，男士要保持低调，不要轻易使用式样新奇的皮带。黑色、栗色或棕色的皮带配以钢质、金质或银质的皮带扣比较正统，它们既适合搭配各种衣服，又适合各种场合，还可以很好地表现职业气质。皮带花色的选择应该与衣着的搭配适宜。在正式场合，皮带的花色应与皮鞋的颜色统一。黑色的皮带可谓"万能皮带"，因为它与任何服饰在一起搭配都不会特别显眼。

图 2-23　皮带

小贴士　正装皮带的特点

正装皮带的款式为针扣皮带，风格简洁，扣头上最好无明显图案。颜色以黑色、棕色为主，材质是真皮。正装皮带主要用来搭配西装和皮鞋，皮带宽为3厘米，不能过宽或过窄。正装皮带应该有5个孔，第三个（或中间）的孔应该是正好用到的。

皮带的材质一般采用全植鞣头层黄牛皮。双层薄牛皮，中间夹硬革芯，不能太厚，外层要使用光面。单层厚牛皮一般不用来做正装皮带。皮带扣头以原色纯铜为佳，也可以用镀铂、镀铑工艺。皮带缝线要细密，最好上下都有缝线。

【技能训练】演练正装皮带的选择和使用。

2.5.2 手表

手表是男士不可或缺的饰品之一，如图2-24所示。对手表的选择应遵循尊贵、简约、大方的原则，不能过分夸张。

对出席商务场合的男士而言，手表的形状宜庄重、保守，特别是职位较高和年长的男士，切忌选择怪异、新潮的手表。在一般情况下，正方形、长方形、正圆形、椭圆形、菱形等款式的手表是男士的最佳选择，因为这些形状最能体现男士的成熟、稳重。

手表的颜色应为单色、双色，切忌色彩繁杂凌乱。在通常情况下，金色、银色、棕色、黑色是男士最理想的选择。

图2-24　手表

小贴士　男士手表的搭配法则

（1）比起让人眼花缭乱的功能复杂的手表，简洁的黑白两色盘面手表更适合正装。

（2）粗重的表壳在正装搭配中不太实际，手表越薄越好。

（3）中规中矩的圆形表壳是最稳妥的款型；酒桶形或方圆形也可以，比较不刻板，给人的印象是容易接受新事物。

（4）纯金手表虽然拥有保值功能，但金灿灿的，让人眼晕，不免有炫耀之嫌。相比之下，钢款和钛金款手表显得更有风度。如果要选择金色手表，玫瑰金是个不错的选择。

（5）选择黑色或者深棕色的鳄鱼皮表带，蛇皮材质更适合喜欢朋克的年轻人。

（6）手表基本的防水和显示日期功能足够日常使用，一只带有排氦阀门和醒目刻度表圈的粗重手表，更适合休闲时佩戴。

【技能训练】讨论职场新人第一次购买手表比较合适的价位。

2.5.3　袖扣

对于讲求品位的男士而言，能够体现其男士魅力的服饰细节还有袖扣，如图2-25所示。袖扣是一种老式的衬衫扣具，号称男士唯一的专用饰品，只能配法式双叠衬衫使用。因为材质多选用贵重金属，有的还镶嵌宝石，所以袖扣从诞生起就被戴上了贵族的光环，成为人们衡量男士品位的不二单品，而挑选、搭配、使用袖扣成为男士的一门学问。

在出席严肃的正式场合时，如果穿着套装，袖扣颜色最好与手表的颜色搭配，材质最好是高级金属，可以配天然材料，如石头、贝壳等。纯金属材质的袖扣，沉稳大气，其颜色单纯而具有较高的搭配性，适合低调内敛的男士，也是袖扣的安全之选。

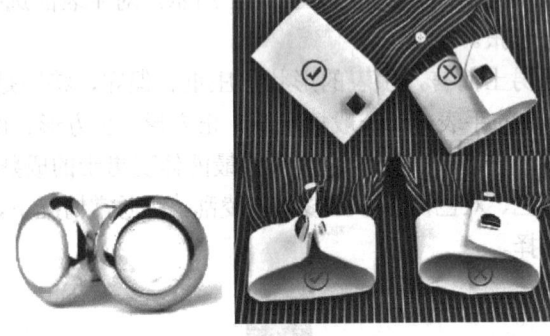

图2-25　袖扣

小贴士　袖扣颜色的搭配技巧

在颜色搭配上，如果是西装，袖扣的颜色就尽量以冷色为主。黑色、白色、灰色衬衫搭配银色袖扣，有沉稳、高贵的效果。黑色袖扣是百搭单品，搭配白色衬衫、黑色礼服或者正式的套装都很合适。

【技能训练】练习袖扣的使用。

2.5.4　公文包

公文包是职场人士的必备，也是最适合西装的箱包种类，如图2-26所示。为了配合西装的犀利造型，公文包的设计一般采取简约大方的风格，尽量与服装的色调统一，颜色首选黑色。手拿包偏新潮，适合非正式的休闲装扮。

公文包的功能并非越多越好，要考虑实用、耐用、舒适等多个方面。首先，公文包的容量要足够大，能装得下A4纸大小的文件、手提计算机及其他物品。在皮料上，职场男士挑选公文包最好选择皮质柔软、易打理的头层牛皮材质。从实用角度看，最好选择手拎与肩背两用的公文包，以便于携带。

图 2-26　公文包

小贴士　职场公文包的选购技巧

随身公文包就像男人的一张隐形名片，适合自己的公文包是一个人品位的象征。

公文包最好与日常经常穿着的服装色调统一，以黑色的公文包搭配深色的西装、以黄色或者咖啡色的公文包搭配浅色西装为最佳。

有些公文包上会有明显的金属扣环，在选购的时候一定要注意这个细节，因为金属扣环的质量是决定一个公文包好坏的标准，也是品位的象征。

【技能训练】小组讨论公文包的色彩和款色与西装的搭配

实训演练

张明将要参加一个重要的商务谈判，请你为他推荐适合颜色与样式的西装套装和皮鞋，提醒他西装穿着的注意事项，为他推荐领带的打法，并为他搭配适合的公文包。

美育课堂

我国传统着装礼仪

我国自古以来就被称为"衣冠上国、礼仪之邦"。曲裾深衣、凤冠霞帔、长袍马褂……我国传统服饰作为传统文化的一部分，是境内各民族在漫长的历史进程中互相融合而形成的。

我国自古就讲究穿着之礼。

孔子曾在《论语》中说：

"君子不以绀緅饰，红紫不以为亵服。当暑，袗絺绤，必表而出之。缁衣羔裘，素衣麑裘，黄衣狐裘。亵裘长，短右袂。必有寝衣，长一身有半。狐貉之厚以居。去丧，无所不佩。非帷裳，必杀之。羔裘玄冠不以吊。吉月，必朝服而朝。"

穿着和颜色搭配要与不同的场合对应。例如，在家穿什么、出门穿什么、上班穿什么、夏天穿什么、冬天穿什么、去见不同的人选择不同的穿着和颜色搭配等，这都是人们日常的穿着行为。

任务三　职场仪态礼仪

情景导入

李冰工作有一段时间了，可是碰到了一个让她困惑的问题：不管她怎么努力，领导和客户总说她没自信，特别是走路无精打采的。经过同事指点，她才发现是含胸驼背对自己的外观产生了很大的影响。后来，她咨询医生，发现含胸驼背不仅影响一个人的形象气质，还会影响心肺功能和身体其他机能。

任务清单

任务书	
学习领域	职场仪态礼仪
任务内容	职场站姿礼仪 职场行姿礼仪 职场坐姿礼仪 职场蹲姿礼仪 职场微笑礼仪 职场眼神礼仪
知识点探索	1. 怎样才算英姿飒爽的站姿？ 2. 朝气蓬勃的行姿有哪些注意要点？ 3. 自信得体的坐姿要点有哪些？ 4. 如果文件不小心掉到地上，如何优雅地在公共场合蹲身下去？ 5. 在商务场合面对客户时，怎样的表情最为得体？ 6. 在商务会面中，眼神应该如何应用？
任务总结	通过完成上述任务，你学到了哪些知识或技能？
实施人员	
任务点评	

项目一　商务形象的成功设定——职场形象礼仪

> **知识链接**

仪态是指人在各种行为中体现出来的表情和风度，即我们通常所说的体态语。我们必须注重细节，不断养成良好的行为习惯，克服不良的行为举止。下面我们将依次介绍站、行、坐等多种姿势的礼仪，并介绍微笑和眼神的礼仪。

3.1　职场站姿礼仪

子任务一：展示你认为职场正确得体的站姿。

3.1.1　男士基本站姿

站姿、行姿、坐姿与蹲姿

站立是人们在生活交往中的一种最基本的举止。站姿是人静态的造型动作，优美、典雅的站姿是发展人的不同动态美的基础和起点。优美的站姿能显示个人的自信，衬托出美好的气质和风度，并给他人留下美好的印象。得体的站立姿势要点：头正、肩平、臂垂、躯挺、腿并，身体重心主要支撑于脚掌、脚弓上；从侧面看，头部与肩部、上体与下肢应在一条垂直线上。

男子站立时应显得风度洒脱，挺拔向上，舒展俊美，精力充沛。站立时身体重心放在两脚中间，不要偏左或偏右；双脚与肩同宽；手可自然下垂，在体前或体后交叉。男士基本站姿如图 3-1 所示。

（1）身体立直，抬头挺胸；下颌微收，双目平视，嘴角微闭；双手自然下垂于身体两侧；双膝并拢，两腿绷直，脚跟靠紧，脚尖分开，呈 V 字形。

（2）身体立直，抬头挺胸；下颌微收，双目平视，嘴角微闭；双脚平行分开，两脚间的距离不超过肩宽，一般以 20 厘米为宜；双手手指自然并拢，右手搭在左手上，轻贴于腹部；不要挺腹或后仰。

（3）身体立直，抬头挺胸；下颌微收，双目平视，嘴角微闭；双脚平行分开，两脚之间的距离不超过肩宽，一般以 20 厘米为宜；双手在身后交叉，右手搭在左手上，贴于臀部。

图 3-1　男士基本站姿

3.1.2 女士基本站姿

女子的站姿应显得庄重大方，亲切有礼，秀雅优美，亭亭玉立。站立时身体重心在两足中间脚弓前端位置，手自然下垂或于腹前交叉。在正式场合，站立时，不能双臂抱在胸前或者两手插入口袋，也不能身体东倒西歪或倚靠其他物体。因为每个人在下意识里都有一个个人空间，若走得太近会使对方有被侵犯的感觉，所以在正式场合与人交谈时，不要与人站得太近，应尽量保持一定的距离。女士基本站姿如图 3-2 所示。

（1）身体立直，抬头挺胸；下颌微收，双目平视，嘴角微闭，面带微笑；双手自然下垂于身体两侧；双膝并拢，两腿绷直，脚跟靠紧，脚尖分开，呈 V 字形。

（2）身体立直，抬头挺胸；下颌微收，双目平视，嘴角微闭，面带微笑；两脚尖略分开，右脚在前，将右脚脚跟靠在左脚脚弓处，两脚尖呈 V 字形；双手自然并拢，右手搭在左手上，轻贴于腹前；身体重心可放在两脚上，也可放在一脚上，并通过重心的移动缓解疲劳。

图 3-2　女士基本站姿

> **小贴士　站姿注意事项**
>
> （1）站立时，切忌东倒西歪，无精打采，懒散地倚靠在墙上、桌子上。
> （2）不要低着头、歪着脖子、含胸、端肩、驼背。
> （3）不要将身体的重心明显地移到一侧，只用一条腿支撑着身体。
> （4）身体不要下意识地做小动作。
> （5）在正式场合，不要将手插在裤袋里面，切忌双手交叉抱在胸前，或双手叉腰。
> （6）男子双脚左右开立时，注意两脚之间的距离不可过大，不要挺腹翘臀。
> （7）不要两腿交叉站立。

【技能训练】练习职场站姿，特别要注意双脚、双肩、胸部、下巴四个部位。

3.2 职场行姿礼仪

子任务二：思考并讨论怎样的行姿才是最优雅的。

行姿是人体呈现出的一种动态，是站姿的延续。行姿是展现人的动态美的重要形式。行走是有目共睹的肢体语言。

3.2.1 行姿的基本要求及操作标准

正确的行姿要求：头正、肩平、躯挺、步位直、步幅适度、步速平稳。

正确的行姿如图 3-3 所示。

（1）上身保持基本站姿。

（2）起步时身体稍向前倾 3°～5°，身体重心落在前脚掌上，膝盖挺直。

（3）两臂以身体为中心，前后自然摆动。前摆约 35°，后摆约 15°。手掌心向内，指关节自然弯曲。

（4）步幅适度。女士的步幅一般不超过 30 厘米，标准步幅是本人脚长的 1～1.5 倍。

（5）步速均匀。行走速度一般保持在每分钟 110～120 步，约每 2 秒钟走 3 步。

（6）在行进中，目光平视前方，下颌微收，头颈与背部呈一条直线。女士两脚内侧呈一条直线。

图 3-3 正确的行姿

不雅的行姿不可取，如下所示。

（1）方向不定，忽左忽右。

（2）体位失当，摇头、晃肩、扭臀。

（3）扭来扭去的外八字步和内八字步。

（4）左顾右盼，重心后移或前移。

（5）与多人走路时，或勾肩搭背，或奔跑蹦跳，或大声喊叫等。

（6）双手反背于背后。

（7）双手插入裤袋里。

3.2.2 常见行走规范

（1）后退步。向他人告辞时，应先向后退两三步，再转身离去。退步时，脚要轻擦地面，不可高抬小腿，后退的步幅要小。转体时要先转身体，头稍后再转。

（2）侧身步。当走在前面引导来宾时，应尽量走在来宾的左前方。髋部朝向前行的方向，上身稍向右转体，左肩稍前，右肩稍后，侧身向着来宾，与来宾保持两三步的距离。当走在较窄的路面或楼道中与人相遇时，也要采用侧身步，两肩一前一后，并将胸部转向他人，不可将后背转向他人。

（3）疾步。在进行快速服务时，需要提高步速，在基本行姿的基础上可根据情况将步速提高至每秒钟 4～5 步。在行走时应保持一般步幅，不可给客人跑的感觉，以免引起客人不适。

> **小贴士　女士不同服装的行姿**
>
> 这里为大家介绍几种女士穿着各类服装时的行姿。
> （1）穿西装时的行姿。保持身姿挺拔。行走时膝盖要挺直，步幅可以略大些，手臂放松、前后自然摆动。女服务员在行走时不要摆动髋部。
> （2）穿短裙时的行姿。步幅不应过大，一般不应超过着装者的一个脚长。尽量走成一条直线，显示着装者的端庄。穿有下摆的短裙时，步幅可略大些，要表现出女性轻盈敏捷的风格。
> （3）穿旗袍时的行姿。无论是站立还是行走，都要身姿挺拔，下颌微收，双目平视，面带微笑，不要塌腰翘臀。穿旗袍应配穿高跟鞋，行走时大腿带动小腿，两脚内侧应保持在一条直线上，脚掌先着地，步幅不宜过大，一般不超过 24 厘米，以免旗袍开衩过大，显得不雅。

【技能训练】结合以上要点，展示职场优雅的行姿。

3.3 职场坐姿礼仪

子任务三：小组讨论不正确的坐姿，并指出这些坐姿会给人怎样的印象。

正确的坐姿可以给人端庄、稳重的印象，使人产生信任感，同时可以给双方的交谈带来方便。其实，坐姿本身就是一种身体语言，它可以向对方传递信息，因此在与人交谈的过程中应注意自己的坐姿。

3.3.1 男士坐姿要求

男士的坐姿应符合以下要求。

（1）入座要稳、要轻。

（2）入座后上体自然挺直，挺胸，双腿自然弯曲，双肩平整放松，双臂自然弯曲，双手自然放在双腿、椅子、沙发扶手上，掌心向下。

（3）头正，嘴角微闭，下颌微收，双目平视，面容平和自然。
（4）坐在椅子上，应坐满椅子的2/3，脊背轻靠椅背。
（5）离座时，要自然稳当。
男士坐姿如图3-4所示。

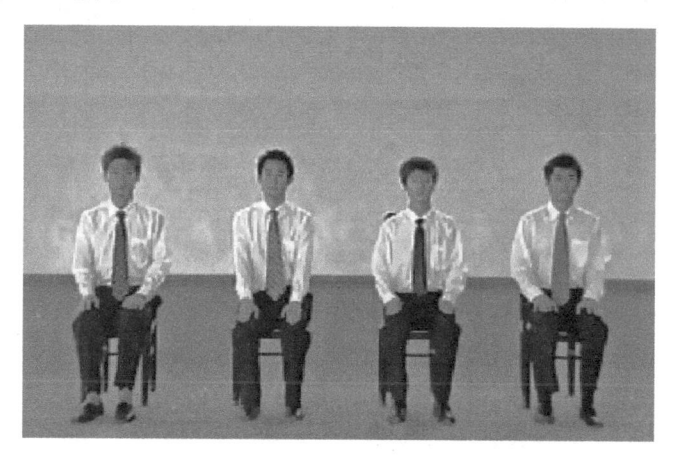

图3-4　男士坐姿

3.3.2　女士坐姿要求

女士的坐姿应符合以下要求。

（1）入座要稳、要轻。就座时要不紧不慢，大大方方地从座椅的左后侧走到座椅前，轻稳地坐下。若着裙装，应用手将裙子稍微拢一下，不要坐下来后再站起来整理衣服。
（2）面带笑容，双目平视，嘴唇微闭，微收下颌。
（3）双肩放松，保持平正，双手可采取以下手位之一摆放。
① 双手平放在双膝上。
② 双手叠放，放在一条腿的中前部。
③ 一只手放在扶手上，另一只手放在腿上，或双手叠放在侧身一侧的扶手上，掌心向下。
（4）坐在椅子上，要立腰、挺胸，上体自然挺直。
（5）双膝自然并拢。双腿可采取图3-5所示的姿势之一摆放。

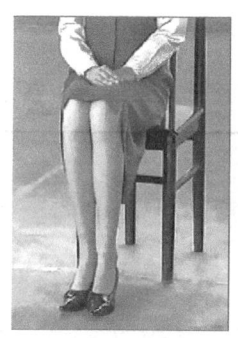

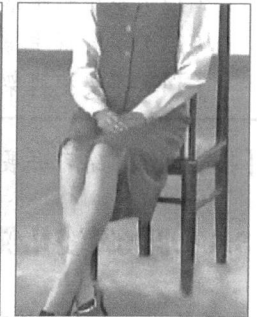

标准式　　　　侧腿式　　　　重叠式　　　　前交叉式

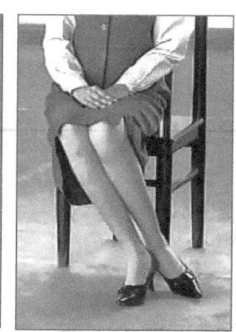

图3-5　两腿姿势

（6）坐在椅子上，至少要坐满椅子的2/3，脊背轻靠椅背。

坐时不可前倾后仰，或歪歪扭扭；两腿不可过于叉开，也不可长长地伸出去，不可跷二郎腿；不可大腿并拢，小腿分开，或腿不停地抖动。

女士坐姿如图3-6所示。

图 3-6　女士坐姿

> **小贴士**　**坐姿注意事项**
>
> （1）不可前倾后仰，或歪歪扭扭。
> （2）双腿不可过于叉开，或长长地伸出。
> （3）坐下后不可随意挪动椅子。
> （4）不可将大腿并拢，小腿分开，或双手放在臀部下面。
> （5）不可跷二郎腿或4字形腿。
> （6）腿、脚不可不停地抖动。
> （7）不要猛坐猛起。
> （8）与人谈话时不要用手支着下巴。
> （9）坐沙发时不应太靠里面，不能呈后仰状态。
> （10）双手不要放在两腿中间。
> （11）脚尖不要指向他人。
> （12）不要脚跟落地、脚尖离地。
> （13）不要双手撑椅子。
> （14）不要把脚架在椅子或沙发扶手上，或架在茶几上。

【技能训练】练习并展示多种职场坐姿。

3.4　职场蹲姿礼仪

子任务四：小组讨论如何优雅地在公共场合蹲下去捡东西。

在日常生活中，人们对掉在地上的东西，一般习惯弯腰或蹲下将其捡起，而身为办公白领，像普通人一样随意弯腰蹲下捡东西的姿势是不合适的。

3.4.1 蹲姿的操作标准

（1）下蹲拾物时，应自然得体，不遮遮掩掩。
（2）下蹲时，两腿合力支撑身体，避免滑倒。
（3）下蹲时，应使头、胸、膝关节在一个角度上，使蹲姿优美。
（4）女士无论采用哪种蹲姿，都要将腿靠紧，臀部向下，如图 3-7 所示。

图 3-7 女士蹲姿

3.4.2 基本蹲姿

1. 交叉式蹲姿

在实际生活中，人们常常会用到蹲姿。例如，集体合影时，前排人员需要蹲下，女士可采用交叉式蹲姿，下蹲时右脚在前，左脚在后，右小腿垂直于地面，全脚着地。左膝从后面伸向右侧，左脚跟抬起，脚掌着地。两腿靠紧，合力支撑身体。臀部向下，上身稍向前倾。

2. 高低式蹲姿

下蹲时右脚在前，左脚稍靠后，两腿靠紧向下蹲。右脚全脚着地，小腿基本垂直于地面，左脚脚跟提起，脚掌着地。左膝低于右膝，左膝内侧靠于右小腿内侧，形成右膝高、左膝低的姿态，臀部向下，基本上以左腿支撑身体。

3. 半蹲式蹲姿

半蹲式蹲姿一般在行走时临时采用。它的正式程度不及前两种蹲姿，但在应急时也可以采用。其基本特征是身体半立半蹲。主要要求：在下蹲时，上身稍许弯下，但不要和下肢构成直角或锐角；臀部务必向下，而不是撅起；双膝略为弯曲，角度一般为钝角；身体的重心应放在一条腿上；两腿不要分开过大。

4. 半跪式蹲姿

半跪式蹲姿又叫单跪式蹲姿，也是一种非正式蹲姿，多用在下蹲时间较长，或为了用力方便时。双腿一蹲一跪。主要要求：在下蹲后，改为一条腿单膝点地，臀部坐在脚跟上，以脚尖着地；另一条腿应当全脚着地，小腿垂直于地面；双膝应同时向外，双腿应尽力靠拢。

> 小贴士　　女士下蹲注意事项

下蹲应迅速、美观、大方。若用右手捡东西，可以先走到东西的左边，右脚向后退半步后再蹲下来。脊背保持挺直，臀部一定要蹲下来，避免弯腰翘臀的姿势。两腿并紧，穿旗袍或短裙时应更加留意，以免尴尬。

弯腰捡拾物品时，两腿叉开、臀部向后撅起是不雅观的姿态。两腿展开平衡下蹲，其姿态也不优雅。下蹲时注意内衣"不可以露，不可以透"。

【技能训练】演练并展示正确的蹲姿。

3.5　职场微笑礼仪

子任务五：小组讨论在商务场合面对客户时，怎样的表情最为得体。

如图3-8所示，保持微笑的表情、谦和的面孔，是表示自己真诚、守礼的重要途径。微笑是有自信心的表现，是表示对自己的魅力和能力抱积极的态度。微笑可以表现出温馨、亲切的表情，能有效地缩短双方的距离，给对方留下美好的心理感受，从而形成融洽的交往氛围。

图3-8　微笑

正确的微笑应该体现出动态的特点，其要点如下。

1. 把握微笑的展现时机

把握好展现微笑的时机是至关重要的。应该在与交往对象目光接触的瞬间展现微笑，表达友好。如果与对方目光接触的瞬间仍然延续之前的表情，即使微笑也会让人感觉有些虚伪，给人做作之感。

2. 把握微笑的层次变化

在整个交往过程中，微笑的程度要有所变化，在整个过程中需要保持微笑，但要有收有放。微笑的程度有很多层次，有浅浅一笑、眼中含笑，也有热情的微笑、开朗的微笑。

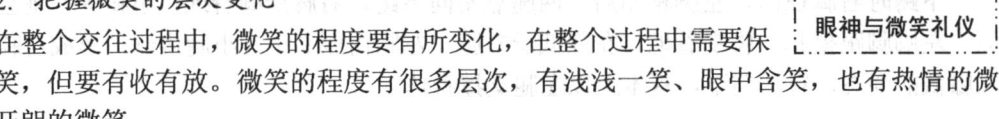

眼神与微笑礼仪

3. 注意微笑维持的时间

当我们与人交谈时，这个过程可能是几分钟，也可能是几小时。为了表达良好、积极的情绪，展现自信与涵养，我们在整个过程中可能要始终保持微笑。对表情的控制也是一个人修养的体现。在交往过程中，目光停留在对方身上的时间应该占整个过程的1/3~2/3。在这段时间，在与对方目光接触时应该展现出灿烂的笑容。在其余的时间段，应该适当地将笑容稍微收拢，保持亲和的态度即可。

> 小贴士　　职业微笑的训练方法

在笑脸中，最重要的是嘴型。嘴型不同，嘴角朝向不同，微笑就不同。面部肌肉跟其他的肌肉一样，使用得越多，越可以正确地移动。

职业微笑如图 3-9 所示，下面是职业微笑的训练方法。

1．简易训练方法

用门牙轻轻地咬住木筷子，把嘴角对准木筷子，两边都要翘起，并观察连接嘴唇两端的线是否与木筷子在同一水平线上。保持这个状态 10 秒钟。在这一状态下，轻轻地拔出木筷子，练习维持该状态。

2．细节训练方法

微笑是在放松的状态下训练的，练习的关键是使嘴角上升的程度一致。如果嘴角歪斜，表情就不会太好看。在练习各种笑容的过程中，你会发现最适合自己的微笑。

（1）小微笑。

往上提起两端嘴角，稍微露出 2 颗门牙，配合微笑。保持 5 秒钟之后，恢复原来的状态并放松。

（2）普通微笑。

往上提起两端嘴角，露出上门牙 6 颗左右，眼睛也笑一点。保持 5 秒钟后，恢复原来的状态并放松。

（3）大微笑。

往上提起两端嘴角，稍微露出 2 颗门牙，配合微笑。保持 5 秒钟之后，恢复原来的状态并放松。或者，稍微露出下门牙，保持 5 秒钟，恢复原来的状态并放松。

3．微笑矫正训练

如果认真地进行了训练，但笑容还是不那么完美，就要寻找其他部分是否有问题。

（1）嘴角不能同时提起。

两侧的嘴角不能同时提起的人很多，利用木筷子进行训练很有效。刚开始比较难，若反复练习，两侧的嘴角就会在不知不觉中一起上升，形成干练的微笑。

（2）露出很多牙龈。

检查牙齿排列：面对镜子，嘴巴呈 E 字形张开，仔细检查，看看上下牙齿的咬合状况及排列的整齐度。露出牙龈时，可以通过训练嘴唇肌肉来弥补。

（3）表情不当。

面对镜子，假装拿起手机在跟朋友通话，仔细看看自己说话时的各种表情，如眉头是否不自觉地皱起，自己的眼神是否有变化，观察后加以改善。

图 3-9　职业微笑

【技能训练】演练并展示正确的职业微笑。

3.6 职场眼神礼仪

任务六：小组模拟商务会面，讨论眼神应该如何应用。

眼睛是人体传递信息最有效的器官，它能表达出人们最细微、最精妙的内心情感，从一个人的眼睛中往往能看到他的整个内心世界。一个良好的交际形象，眼神应是坦然、亲切、和蔼、有神的。

与人交谈时，应注视对方，不应该躲闪或游移不定。在整个谈话过程中，视线与对方接触累计应达到全部交谈时间的2/3。在人际交往中，呆滞、漠然、疲倦、冰冷、惊慌、敌视、轻蔑、左顾右盼等眼神都是应该避免的，更不要对人上下打量、挤眉弄眼。在交谈时，要将视线转向交谈人，以示自己在倾听。这时，应将视线放虚，相对集中于某个区域，切忌"聚焦"，死盯着对方的眼睛或脸上的某个部位，因为这样会使对方感到不安，甚至有受辱之感，产生敌意。在无意中使对方产生抵触情绪，很不值得。

即使在普通的社交谈话中，礼仪的要求之一也是一定要注视谈话者。在别人讲话时东张西望、心不在焉、玩弄东西，或者不停地看手表，通常被认为是很不礼貌的行为，也难以得到他人的尊重和信赖。

运用眼神礼仪的注意事项如下。

1. 注视时间

一般来说，在整个交谈过程中，与对方的视线接触应该累计达到全部交谈过程的50%～70%，其余30%～50%的时间可注视对方脸部以外5～10米处，这样比较自然、有礼貌。

2. 注视部位

场合不同，注视的部位也不同。

（1）在洽谈、磋商、谈判等严肃场合，眼神要给人严肃、认真的感觉。注视的位置在对方双眼或双眼与额头之间的区域。

（2）在各种社交场合，注视的位置在对方唇心与双眼之间的三角区域。

（3）在亲人之间、恋人之间、家庭成员之间，注视的位置在对方双眼与胸之间。

3. 注视方式

无论是公务、社交场合，还是亲密同伴之间，都要注意不可将视线长时间固定在注视的位置上。这是因为，人本能地认为，过分地被注视是他人在窥视自己内心深处的隐私。所以，在双方交谈时，应适当地将视线从固定的位置上移动片刻，这样能使对方放松，易于交往。

> **小贴士** 社交眼神注意事项
>
> 不能对关系不熟或关系一般的人长时间注视，直至对方感到浑身不自在。这似乎是全世界通行的礼仪规则。若路遇陌生人，应倾向于避开对视。如果上下打量他人，则更是一种轻蔑和挑衅的表示，容易引起对方不满的情绪。
>
> 在公众场合，避免令人不愉快的注视可采用的方法：一是适时地转移视线，尽量

不要长时间注视同一个人;二是善用失神的眼光,如乘坐公交车时,由于人多拥挤,有时不得不面对对方,这时可以使眼神显出茫然失措或若有所思的样子,以免失礼。

【技能训练】练习多种场合的眼神。

实训演练

李冰和张明将要参加公司的一场重要接待活动,假如你是他们,你将以怎样的仪态去接待客户?说一说站姿、行姿、坐姿和蹲姿礼仪,以及眼神和微笑礼仪的要点。

美育课堂

站如松,坐如钟,走如风,卧如弓

"站如松,坐如钟,走如风,卧如弓",是中国传统礼仪的要求。

《论语·学而》云:"君子不重则不威,学则不固。"这句话的意思是:君子不庄重就没有威严,所学也不牢固。

"站如松,坐如钟,行如风,卧如弓"的意思是:站着要像松树那样挺拔,坐着要像钟那样端正,行走要像风那样快而有力,睡觉要像弓一样弯曲着身体。

葛晨虹在《中国古代的风俗礼仪》中说:"后人主张坐立行走举手投足都得有式有度,'站如松,坐如钟,行如风,卧如弓'。如何做到这一点?这需要心时时严正,身时时整肃,足步步规矩,念时时平安,声气时时和蔼,喜怒时时中节。如此时时习礼,则会面容严肃,视容清明,立容如山,浩然正气充分体现。"

良好姿势对塑造个人形象非常重要,这是因为形体美、气质佳的形象往往能给人以良好的第一印象。这就要求我们坐立行卧时时在意,处处留心,养成抬头挺胸、收腹提臀的习惯;久而久之,精神日趋抖擞,颜面日益清秀,形体越来越美,气质越来越佳。

项目二　建立良好的客户关系
——商务会面礼仪

学习目标

知识目标

了解双方见面时打招呼的基本要求及一般规则；

熟悉称谓礼仪中称呼的方式和禁忌；

掌握握手礼仪、介绍礼仪、名片礼仪规范；

掌握拜访礼仪的规范要求。

能力目标

能够按照见面礼仪规范要求正确运用握手礼仪、介绍礼仪、称谓礼仪、递接名片礼仪；

能按照接访礼仪的规范要求进行商务性拜访。

素养目标

强化逻辑性清晰的语言述说能力和情感表达能力；

让学生拥有理性和感性表达之美，培养团结协作意识。

知识结构

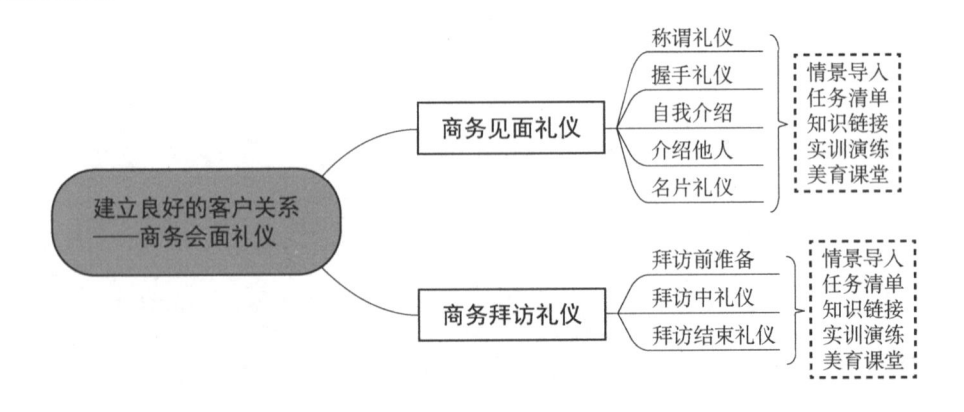

```
                                          ┌─ 称谓礼仪 ┐
                                          ├─ 握手礼仪 │    情景导入
                            ┌─ 商务见面礼仪 ┼─ 自我介绍 │    任务清单
                            │              ├─ 介绍他人 │    知识链接
建立良好的客户关系           │              └─ 名片礼仪 ┘    实训演练
——商务会面礼仪 ──────┤                                    美育课堂
                            │              ┌─ 拜访前准备 ┐   情景导入
                            └─ 商务拜访礼仪 ┼─ 拜访中礼仪 │   任务清单
                                          └─ 拜访结束礼仪┘   知识链接
                                                            实训演练
                                                            美育课堂
```

任务四　商务见面礼仪

情景导入

李冰通过层层面试，终于成为一家大型公司的业务员。今天领导让她接待一位客户，李冰心里想：见面应该怎么跟客户打招呼呢？握手和递名片有什么规范呢？

任务清单

任务书	
学习领域	商务见面礼仪
任务内容	称谓礼仪 握手礼仪 自我介绍 介绍他人 名片礼仪
知识点探索	1. 在工作场合如何称呼不同年龄和性别的人？ 2. 同时与两位客户见面，握手的顺序是怎样的？ 3. 在面试中的自我介绍一般包含什么内容？ 4. 在哪些场合需要介绍他人？ 5. 商务名片递接的顺序是怎样的？
任务总结	通过完成上述任务，你学到了哪些知识或技能？
实施人员	
任务点评	

知识链接

4.1 称谓礼仪

子任务一：小组讨论在工作场合应该如何称呼不同年龄和性别的人。

在工作中，彼此之间的称呼有其特殊性。简单地问候、道别，就可拉近上下级与同事之间的关系。打招呼是人际关系很好的润滑剂，但用何种方式问候、打招呼才得体，才不失礼，也是要分场合的。

商务握手与称谓

4.1.1 称呼类型

1. 职务性称呼

在工作中，以交往对象的职务相称，以示身份有别、敬意有加，这是一种最常见的称呼方法。

（1）仅称职务，如"部长""经理""主任"等。

（2）在职务之前加上姓氏，如"周总理""隋处长""马委员"等。

（3）在职务之前加上姓名，仅适用于极其正式的场合，如"张晓刚董事长"。

2. 职称性称呼

对于具有职称者，尤其具有中级、高级职称者，可直接以其职称相称。以职称相称，下列三种情况较为常见。

（1）仅称职称，如"教授""律师""工程师"等。

（2）在职称前加上姓氏，如"钱编审""孙研究员"。有时，这种称呼也可以约定俗成地简化，如"吴工程师"简称为"吴工"。但是，使用简称不得产生误会和歧义。

（3）在职称前加上姓名，适用于十分正式的场合，如"安文教授""杜锦华主任医师""郭雷主任编辑"等。

3. 学衔性称呼

在工作中，以学衔作为称呼，可增加其权威性，有助于增强现场的学术气氛。称呼学衔时，一般有四种情况。

（1）仅称学衔，如"博士"。

（2）在学衔前加上姓氏，如"杨博士"。

（3）在学衔前加上姓名，如"李明博士"。

（4）将学衔具体化，说明其所属学科，并在其后加上姓名，如"史学博士周燕""工学硕士郑伟""法学学士李丽珍"等。此种称呼最为正式。

4. 行业性称呼

在工作中，有时可按行业进行称呼，具体分为两种情况。

（1）称呼职业，即直接以被称呼者的职业作为称呼。例如，将教练员称为"教练"，将专业辩护人员称为"律师",将警察称为"警官",将会计师称为"会计",将医生称为"医生"或"大夫"等。一般情况下,在此类称呼前,均可加上姓氏或姓名。

(2) 称呼"小姐""女士""先生"。对商界、服务业从业人员,一般约定俗成地分别称呼女性和男性为"女士"和"先生"。在此种称呼前可加姓氏或姓名。

5. 姓名性称呼

在工作岗位上称呼姓名,一般限于同事、熟人之间,具体分以下三种情况。

(1) 直呼姓名。

(2) 只呼其姓,不称其名,但要在前面加上"老""大""小"。

(3) 只称其名,不呼其姓,通常限于同性之间,尤其上级称呼下级、长辈称呼晚辈。在亲友、同学、邻里之间,也可使用这种称呼。

【技能训练】小组演练接待不同客户时的称呼礼仪。

4.1.2 称呼禁忌

在与他人交往时,千万不要因称呼而冒犯对方。一般而言,下列称呼都是不能采用的。

1. 错误称呼

使用错误称呼,主要是由于粗心大意,用心不专。常见的错误称呼有两种。

(1) 误读。一般表现为念错被称呼者的姓名。例如,"郇"(Xún 或 Huán)、"查"(Zhā)、"仇"(Qiú)、"区"(Ōu)、"盖"(Gě)等姓氏就极易弄错。要避免犯此错误,就要预先做好准备,在必要时虚心请教。

(2) 误会。主要指对被称呼者的年纪、辈分、婚否,以及与其他人的关系做出了错误判断。例如,将未婚妇女称为"夫人",就属于误会。

2. 过时称呼

有些称呼具有一定的时效性,一旦时过境迁,若再采用,就难免贻笑大方。例如,在我国古代,对官员称为"老爷""大人",若全盘照搬,就会显得滑稽可笑。

3. 易产生误会的称呼

有些在国内常用的称呼到了境外便会变味。例如,"爱人"可能被理解为"婚外恋者","小鬼"可能被理解为"妖魔鬼怪"。对此类称呼,在对外交往中一般不宜采用。

4. 低级庸俗的称呼

在人际交往中,有些称呼在正式场合切勿使用。例如,"兄弟""姐们儿""瓷器""死党""铁哥们儿"等称呼,就显得低级庸俗。逢人便称"老板",也显得不伦不类。

5. 绰号

对于关系一般者,切勿自作主张,给对方起绰号,更不能随意以道听途说的对方的绰号称呼对方。至于一些具有侮辱性质的绰号,如"北佬""秃子""四眼""傻大个"等,则更应该避免。另外,还要注意,不要随便拿别人的姓名乱开玩笑。

6. 地域性称呼

有些称呼具有一定的地域性。例如，北京人爱称人为"师傅"，山东人爱称人为"伙计"，但是，在南方人听来，"师傅"等于"出家人"，"伙计"肯定是"打工仔"。

7. 缺少称呼

需要称呼他人时，如果根本不用任何称呼，或者代之以"喂""嘿""下一个""那边的"及具体代号，都是极不礼貌的。

8. 距离不当的称呼

在正式交往中，若与仅有一面之缘者称兄道弟，或者称其为"朋友""老板"等，都是与对方距离不当的称呼表现。

小贴士　职场新人对同事和领导的称呼

职场新人应该怎么称呼同事和领导？专家建议，应根据所在单位的性质，因地制宜地采用合适的称呼。

对于国企及日本、韩国等国企业，最好以姓氏加级别来称呼同事及领导，如"王经理""于总"。

在一些中小型私营企业，由于办公室文化比较宽松，可以直呼其名，称呼主管为"头儿""老大"。

在欧美背景的外资企业，每个员工都有英文名，彼此一般直呼英文名字，即使对上级、老板也是如此。同时，还要注意外资企业中有不少职位用英文简称，适当熟悉一下，避免在工作中出现低级错误。

在有些国家机关、事业单位及一些文化单位，依旧沿用传统称呼。新人进入单位对同事以"老师"相称，也是一种尊敬、谦虚的体现。

【技能训练】小组讨论当地有哪些称呼禁忌。

4.2 握手礼仪

子任务二： 假设你将与两位客户进行会面，讨论并演练如何与他们握手，以及握手的顺序是怎样的。

今天，握手在许多国家已成为一种习以为常的礼节。通常，与人初次见面、熟人久别重逢、告辞或送行均以握手表示自己的善意，因为这是最常见的一种见面礼、告别礼。有时在一些特殊场合，如向人表示祝贺、感谢或慰问，在交谈中出现令人满意的共同点，或双方矛盾出现良好的转机，在习惯上也以握手为礼。

4.2.1 握手的方法及注意事项

握手是在相见、离别、恭喜或致谢时相互表示情谊和致意的一种礼节，双方往往先打招呼，后握手致意。

1. 握手方法

（1）距离受礼者约一步，上身稍向前倾，两脚立正，伸出右手，四指并拢，拇指张开，与受礼者握手。

（2）在握手时双眼注视对方，微笑，问候，致意。

（3）握手的时间以 1~3 秒钟为宜，不可一直握住别人的手不放；对方手一旦松开，视线即可转移。

2. 握手注意事项

（1）一定要用右手握手，不能伸出左手与人相握。如果你是左撇子，在握手时也一定要用右手。当然，如果你的右手受伤了，不妨声明一下。

（2）在握手时不要看第三者或者心不在焉，眼睛一定要注视对方的眼睛，传达出你的诚意和自信。

（3）握手的时间不应过长，以 1~3 秒钟为宜。如果要表示自己的真诚和热烈，握手时间可稍长，并上下摇晃几下。但是，如果作为企业代表在洽谈中与人握手，一般不要用双手抓住对方的手上下摇动，那样会显得太恭谦，使自己的地位在无形中降低了。

（4）握手的力度要掌握好。握得太轻了，对方会觉得你在敷衍他；太重了，不但不能让对方感受到你的热情，反而会使对方反感。

（5）多人相见时，不要交叉握手。当两人握手时，第三者不要把胳膊从上面架过去，急着和另外的人握手。

（6）在任何情况下都不能拒绝对方主动要求的握手，拒绝是无礼的。即使有手疾或汗湿、弄脏了手，也要向对方说明"对不起，我的手现在不方便"，以免造成不必要的误会。

（7）不要掌心向下握住对方的手。这样会显示一个人强烈的支配欲，无声地告诉别人，你处于高人一等的地位，应尽量避免这种傲慢无礼的握手方式。相反，掌心向里与他人握手显示出毕恭毕敬，如果伸出双手去捧接，则更是谦恭备至了。平等而自然的握手姿态是两只手掌都处于垂直状态，这是一种最普通也最稳妥的握手方式。

（8）握手前要摘帽和摘手套。在握手前先摘下手套，摘下帽子，戴着手套握手是失礼的行为。只有女士在社交场合戴着薄纱手套握手才是被允许的。当然，在严寒的室外有时可以例外，如双方都戴着手套、帽子。

> **小贴士** 适合握手的场合

（1）遇到较长时间没见面的熟人。

（2）在比较正式的场合和认识的人道别。

（3）在以本人作为东道主的社交场合，迎接或送别来访者。

（4）拜访他人后，在辞行的时候。

（5）被介绍给不认识的人。

（6）在社交场合，偶然遇上亲朋故旧或领导。

（7）别人给予你一定的支持、鼓励或帮助。

（8）表示感谢、恭喜、祝贺。

（9）对别人表示理解、支持、肯定。
（10）得知别人患病、失恋、失业、降职或遭受其他挫折。
（11）向别人赠送礼品或颁发奖品。

【技能训练】两人作为小组，演练握手礼仪。

4.2.2 握手的顺序

在商务洽谈中，当介绍人完成了介绍任务之后，被介绍双方的第一个动作就是握手。被介绍之后，最好不要立即主动伸手。年轻者、职务低者被介绍给年长者、职务高者时，应根据年长者、职务高者的反应行事，即当年长者、职务高者用点头致意代替握手时，年轻者、职务低者也应随之点头致意。具体如下。

（1）在长辈与晚辈之间，长辈伸手后，晚辈才能伸手相握。
（2）在上下级之间，上级伸手后，下级才能接握。
（3）在主人与客人之间，主人宜主动伸手。
（4）在一般的社交场合中，男女之间握手，一般女性先伸手。

无论什么人忽略握手的次序而已经伸出了手，对方都应毫不迟疑地回握，不要拒绝对方，以免尴尬。

> **小贴士　握手禁忌**
>
> （1）不讲先后顺序，抢先出手。
> （2）目光游移，漫不经心。
> （3）不摘手套，自视甚高。
> （4）掌心向下，目中无人。
> （5）用力不当，鲁莽敷衍。
> （6）左手相握，有悖习俗。
> （7）"乞讨式"握手，过于谦恭。
> （8）握手时间太长，让人无所适从。
> （9）滥用"双握式"，令人尴尬。
> （10）"死鱼"式握手，轻、慢、冷。

【技能训练】小组模拟演练与多位不同年龄、不同性别的客户握手的礼仪。

4.3 自我介绍

子任务三：讨论面试中自我介绍需要介绍哪些内容。

商务介绍

现代人要生存、发展，就需要与他人进行必要的沟通，以寻求理解、帮助和支持。介绍是在人际交往中与他人进行沟通、增进了解、建立联系的一种最基本、最常规的方式，是人与人相互沟通的出发点。在社交场合，正确地利用介绍，不仅可以扩大自己的交际圈，广交朋友，而且有助于自我展示、自我宣传，在交往中消除误会，减少麻烦。

4.3.1 自我介绍的场合和基本程序

1. 自我介绍的场合

在何时进行自我介绍，这是最关键而往往被人忽视的问题。在下列场合，有必要进行适当的自我介绍。

（1）应聘求职。
（2）应试求学。
（3）在社交场合，与不相识者相处。
（4）在社交场合，有不相识者表现出对自己感兴趣。
（5）在社交场合，有不相识者要求自己做自我介绍。
（6）在公共聚会上，与身边的陌生人组成交际圈。
（7）在公共聚会上，打算介入陌生人组成的交际圈。
（8）交往对象因健忘而记不清自己，或担心这种情况可能出现。
（9）有求于人，而对方对自己不甚了解，或一无所知。
（10）拜访熟人时遇到不相识者挡驾，或对方不在，需要请不相识者代为转告。
（11）前往陌生单位，进行业务联系。
（12）在出差、旅行途中，与他人不期而遇，并且有必要与之建立临时接触。
（13）因业务需要，在公共场合进行业务推广。
（14）初次利用大众传媒向社会公众进行自我推荐、自我宣传。

2. 自我介绍的基本程序

自我介绍的基本程序：先向对方点头致意，得到回应后再向对方介绍自己的姓名、身份和单位等，同时递上事先准备好的名片，时间一般以半分钟左右为宜。

> **小贴士** 自我介绍的注意事项
>
> （1）注意时间。抓住时机，在对方有空闲，而且情绪较好，又有兴趣时进行自我介绍，这样就不会打扰对方。自我介绍要简洁，尽可能节省时间，以半分钟左右为佳；如无特殊情况，则最好不要长于1分钟。为了节省时间，自我介绍时，还可辅以名片、介绍信。
>
> （2）讲究态度。自我介绍要自然、友善，落落大方，彬彬有礼；既不能唯唯诺诺，又不能虚张声势，轻浮夸张。语气自然，语速正常，语音清晰。
>
> （3）真实诚恳。自我介绍要实事求是，真实可信，不可自吹自擂，夸大其词。

【技能训练】假设你正在一家外贸公司面试，请做一下自我介绍。

4.3.2 自我介绍的形式

在社交场合中的自我介绍可以分为以下几种形式。

1. 应酬式

应酬式自我介绍适用于某些公共场合和一般性的社交场合，如旅行途中、宴会厅里、舞场上、通电话时，都可以使用应酬式自我介绍。应酬式介绍的对象是进行一般接触的交往对象，或者泛泛之交，或者早已熟悉，自我介绍只是为了确定对方身份或打招呼。所以，此种介绍要简洁精练，一般只介绍姓名。例如，"您好，我叫周琼。"

2. 工作式

工作式自我介绍主要适用于工作和公务交往之中，它是以工作为自我介绍的重点，因工作而交际，因工作而交友。工作式自我介绍应包括本人的姓名、供职单位及部门、担负的职位或从事的具体工作，缺一不可，除非确信对方已经熟知。例如，"你好，我叫张强，是金洪恩电脑公司的销售经理。"

3. 交流式

交流式自我介绍适用于社交活动，比较随意。有时，在社交活动中，我们希望某个人认识自己，了解自己，并与自己建立联系，就可以运用交流式自我介绍，与心仪的对象进行初步的交流和进一步的沟通。介绍内容可以包括介绍者的姓名、工作、籍贯、学历、兴趣，以及与交往对象的某些熟人的关系，可以不着痕迹地面面俱到，也可以故意有所隐瞒，造成某种神秘感，激发对方与你进一步沟通的兴趣。例如，"你好，我叫张强，我在金洪恩电脑公司上班。我是李波的老乡，都是北京人。"

4. 礼仪式

礼仪式自我介绍适用于讲座、报告、演出、庆典、仪式等一些正规而隆重的场合，以示对介绍对象的友好和敬意。礼仪式自我介绍包括姓名、单位、职务等，同时应加入一些适当的谦辞、敬辞，以符合这些场合的特殊要求，营造谦和有礼的交际气氛。例如，"各位来宾，大家好！我叫张强，我是金洪恩电脑公司的销售经理。我代表本公司热烈欢迎大家光临我们的展览会，希望大家……"

5. 问答式

问答式自我介绍一般适用于应试、应聘和公务交往，在普通交际应酬场合也时有所见。问答式自我介绍应该是有问必答，问什么就答什么。例如，问："先生，你好！请问您怎么称呼？（请问您贵姓？）"答："先生您好！我叫张强。"问："请介绍一下你的基本情况。"答："各位好！我叫李波，现年21岁，浙江宁波人……"

> **小贴士** 面试自我介绍的禁忌

（1）主动介绍个人爱好。在面试时不要介绍与工作岗位无关的个人爱好，除非面试官主动问。注意，个人爱好不等于个人特长。

（2）头重脚轻。把自己刚参加工作的那段经历讲得非常详细，讲得眉飞色舞，以至于忽略了时间，忽然发现时间很紧了，只好把近年的事情一带而过，结果面试官对你的把握还停留在你刚参加工作的那段经历里，对你的能力会产生错误的判断，同时认为你的时间观念不强。

（3）过于简单，没有内容。用一分钟把工作的经历全部说完，没有下文了，只介绍做了什么，没介绍做成了什么和自己的专业特长，全等着面试官发问。而面试官除了你简单的经历什么也不知道，不知该从何问起。这就等于你放弃了一次主动展示自己的机会，等面试官发问你就得被动应对。面试官会认为你过于轻率，或沟通表达能力不强。

（4）介绍背景，而不介绍自己。把自己毕业的学校和就职过的企业介绍了很多，对自己的介绍很少。

（5）说话太满和说谎。在自我介绍时，全部事实不一定都说尽，但说出来的一定要是事实，不要说谎，不要把自己吹嘘得天花乱坠，无所不能。把自己说得太完美，面试官不会相信，轻则认为你的自我认知能力不够，重则认为你的职业操守有问题。坦然面对过往工作经历中的一些曲折，也是一种职业品质和潇洒。

（6）言谈举止非职业化。人在职场就要职业化，言谈举止不要太随意，不要用世俗的、随意的语言来介绍自己，应该用近乎书面的语言来表达。举止端庄，不要摇头晃脑，表情过于丰富，眼睛尽量直视面试官。

【技能训练】根据不同情境，模拟5种形式的自我介绍。

4.4 介绍他人

子任务四：讨论在什么场合需要为他人做介绍。

在商务活动中，经常需要在他人之间架起人际关系的桥梁。他人介绍，又称第三者介绍，是经第三者为彼此不相识的双方引见、介绍的一种交际方式。他人介绍，通常是双方的，即对被介绍双方各自做一番介绍。有时，也可进行单向的他人介绍，即只将介绍者的某一方介绍给另一方。为他人做介绍时需要掌握一些基本的礼仪。

4.4.1 介绍他人的方式

在商务活动中，在介绍他人时，由于实际需要的不同，介绍时采取的方式也会有所不同。常见的介绍方式有以下几种。

1. 一般式

一般式也称标准式，以介绍双方的姓名、单位、职务等为主。这种介绍方式适用于正式场合。例如，"请允许我来为两位引见一下。这位是××公司的主任王刚先生，这位是××集团的副总贺宏先生。"

2. 引见式

介绍者将被介绍双方引到一起即可，适用于普通场合。例如，"两位互相认识一下。大家其实都在同一个单位工作，只是平时没机会认识。那我先失陪了。"

3. 简单式

只介绍双方的姓名一项，甚至只提到双方的姓氏，适用于一般的社交场合。例如，"我来为大家介绍一下，这位是贺总，这位是许总。希望大家合作愉快。"

4. 附加式

附加式也叫强调式，用于强调其中一位被介绍者与介绍者之间的特殊关系，以期引起另一位被介绍者的重视。例如，"大家好！这位是××公司的营销部主任贺洋先生。这是小儿刘伟，请各位多多关照。"

5. 推荐式

介绍者经过精心准备再将某人举荐给其他人，介绍时通常会对前者的优点加以重点介绍，通常适用于比较正式的场合。例如，"这位是李峰先生，这位是××公司的刘朋董事长。李峰刚从国外留学回来，他是经济学博士、管理学专家。刘总，我想您一定有兴趣和他聊一聊。"

6. 礼仪式

礼仪式是最正式地介绍他人，适用于正式场合，介绍语气、表达、称呼都更为规范和谦恭。例如，"王女士，您好！请允许我把××公司的总经理王小东先生介绍给您。王先生，这位就是××集团的生产部经理王玲女士。"

> **小贴士　介绍他人的时机**
>
> 在商务场合中，贸然介绍他人可能出现让被介绍人摸不着头脑的尴尬局面，因此，介绍他人的时机非常重要。介绍他人一般在以下几种场合。
> （1）与家人外出，路遇家人不相识的同事或朋友。
> （2）本人的接待对象遇见不相识的人士，而对方又跟自己打了招呼。
> （3）在家中或办公地点，接待彼此不相识的客人或来访者。
> （4）打算推荐某人加入某个方面的交际圈。
> （5）受到介绍他人的邀请。
> （6）陪同领导、长者、来宾，遇见其不相识者，而对方跟自己打了招呼。
> （7）陪同亲友前去拜访亲友不相识者。

【技能训练】 假设你是公司接待人员，需要向客户介绍你的领导，模拟演练这一介绍过程。

4.4.2　介绍他人的顺序

介绍他人的顺序是一个比较敏感的礼仪问题。根据商务礼仪规范，在介绍他人时必须遵守"尊者优先了解情况"的规则。在介绍前，先要确定双方地位的尊卑，然后先介绍位卑者，后介绍位尊者，使位尊者优先了解位卑者的情况。根据这个规则，介绍他人的商务礼仪顺序有以下几种。

（1）介绍上级与下级认识时，先介绍下级，后介绍上级。把下级人员介绍给上级人员，首先称呼上级人员，再将被介绍者介绍出来。例如，"王经理，这是我的秘书李明。李明，这是销售部的王经理。"

（2）介绍长辈与晚辈认识时，先介绍晚辈，后介绍长辈。将晚辈介绍给长辈时，首先要称呼长辈，然后把晚辈介绍给长辈，最后对长辈进行介绍。例如，"周医生，这是我儿子马明，他刚刚从清华大学毕业。马明，这是周医生。"

（3）介绍女士与男士认识时，先介绍男士，后介绍女士。介绍女士与男士认识时，通常先把男士介绍给女士，并引导男士到女士面前做介绍。在介绍中，女士的名字应该先被提到。例如，"马丽，我给你介绍一下，这是我同学李涛。"需要注意的是，在商务场合不必遵守"女士优先"的原则，而是不分性别年龄，都遵从社会地位高者有了解对方的优先权的原则。例如，介绍时可说"王总经理，请允许我将我的助手王小姐介绍给您"，然后再说"王小姐，这位是××公司的王总经理"。在商界，只有当两个人的社会地位相同时，才遵循先介绍女士的原则。

（4）介绍公司同事与客户时，先介绍同事，后介绍客户。把自己公司的人介绍给其他公司同等地位的人时，首先要提及其他公司的名字。例如，"李刚，这是××公司通信部的朱伟。朱伟，这是××公司通信部的李刚。"

（5）介绍与会先到者与后来者认识，先介绍后来者，后介绍先来者。但是，在一些非正式场合，不必过于拘泥礼节，不必讲究介绍顺序。介绍人说"我来介绍一下"，然后即可做简单的介绍，也可直接报出被介绍者各自的姓名。

（6）介绍已婚者与未婚者认识时，先介绍未婚者，后介绍已婚者。

（7）介绍同事、朋友与家人认识时，先介绍家人，后介绍同事、朋友。

（8）介绍来宾与主人认识时，先介绍主人，后介绍来宾。

> **小贴士** 介绍他人的注意事项

（1）介绍人位于中间，介绍时用右手，五指伸开朝向被介绍的一方。介绍人为被介绍人介绍之前，一定要征求被介绍双方的意见，切勿开口即讲，显得很唐突，让被介绍人感到措手不及。

（2）被介绍人在介绍人询问自己是否有意认识某人时，一般不应拒绝，而应欣然应允，实在不愿意，则应说明理由。

（3）介绍人和被介绍人都应起立，以示尊重和礼貌；介绍人介绍完毕，被介绍双方应微笑点头示意或握手致意。

（4）在宴会、会议、谈判中，介绍人和被介绍人不必起立，被介绍双方可点头微笑致意；如果被介绍双方相隔较远，中间又有障碍物，可举起右手致意，点头微笑致意。

（5）介绍完毕，被介绍双方应依照合乎礼仪的顺序握手，并且彼此问候。问候语有"你好""很高兴认识你""久仰大名""幸会幸会"，必要时还可以进一步做自我介绍。

【技能训练】演练为多人做介绍。

4.5 名片礼仪

子任务四：小组讨论商务名片上应印制哪些必需的内容。

名片是一个人身份的象征，当前已成为社交活动的重要工具，是商务人士的必备沟通交流工具。名片就像一个人简单的履历表，在递交名片的同时，也是在告诉对方自己的姓名、职务、地址、联络方式。由此可知，名片是每个人最重要的书面介绍材料。因此，名片的存放、递交、接收、收纳也要讲究社交礼仪。

商务名片

4.5.1 名片的内容和递交礼仪

1. 名片的内容

名片在习惯上印有工作单位、主要头衔、个人姓名、通信地址、电话、电子信箱及邮政编码等，背面可以印有单位简介或业务范围等。名片的用途十分广泛，最主要的是用来自我介绍，也可在赠送鲜花或礼物，以及发送介绍信、致谢信、邀请信、慰问信等时使用，并在上面留下简短附言。使用名片最重要的是知道如何建立及展现个人风格，使名片更为个性化。例如，送东西给别人，在名片后加上亲笔写的"祝你工作顺利，早日升职加薪，职业生涯顺风顺水"等。

2. 递交名片的时机

（1）希望认识对方时。在你希望认识或者结交某人时，可以递上自己的名片，以便对方更好地认识自己，跨出认识的第一步。

（2）被介绍给对方时。当有第三人引荐，被介绍给对方时，可以递上自己的名片。

（3）对方提议交换名片时。当对方想认识你时，出于礼貌，应该递上自己的名片。

（4）对方向自己索要名片时。

（5）初次拜访对方时。初次拜访对方，最好递上自己的名片，让对方更好地了解自己的信息，促进交流。

（6）通知对方自己的变更情况时。当自己的一些重要信息变更时，特别是公司信息、职位变换等，递上名片可以让对方更好地了解自己。

3. 递交名片的礼仪

起立或欠身，用双手递交名片，面带微笑，注视对方。双臂自然伸出，四指并拢，用双手的拇指和食指分别握持名片上端的两角送给对方，名片正面朝上，文字内容正对对方。在递交时可以说"我叫××，这是我的名片，请多关照"之类的客气话。自己的名字如难读或有特别读法的，在递交名片时不妨加以说明。递交名片忌目光游移或漫不经心。

4. 递交名片的顺序

名片的递交顺序没有太严格的讲究。交换名片的顺序是"先客后主，先低后高"。一般是地位低的人先向地位高的人递名片，男性先向女性递名片。当与多人交换名片时，应依照职位高低的顺序，或由近及远，依次进行，切勿跳跃式地进行，以免使对方有厚此薄彼之感。如分不清职务高低和年龄大小，则可以先和自己对面左侧的人交换名片。

> **小贴士　递交名片的注意事项**
>
> （1）自己的名片应放在容易拿出的地方，建议用名片夹。不要把自己的名片和他人的名片或其他杂物混在一起，以免用时手忙脚乱或拿错名片。
> （2）名片可放在上衣口袋里，不可放在裤兜里，若穿西装宜将名片置于左上方口袋，若有手提包可放于包内伸手可得的部位。
> （3）参加会议时，应该在会前或会后交换名片，不要在会中擅自与别人交换名片。
> （4）无论参加私人或商业餐会，名片皆不可在用餐时递送，因为此时只宜从事社交而非商业性的活动。
> （5）要保持名片或名片夹的清洁、平整，破旧的名片应尽早丢弃，与其送一张破损或脏污的名片，不如不送。
> （6）名片要准备充分，不能匮乏。如果在交换名片时名片用完了，可用干净的纸代替，在上面写下个人资料。

【技能训练】尝试为自己制作一张公司名片。

4.5.2　接收名片的礼仪

接收名片时应起身或欠身，面带微笑，用双手接住名片下方两角；接过名片后应致谢，认真地看一遍，以表示对赠送名片者的尊重；可以当面将对方的姓名和职衔念出声来，并抬头看看对方的脸，使对方产生一种受重视的满足感，若有不会读的字，应当场请教。

接收名片时应注意以下事项。

（1）如果有包，应把名片放在包里，而不要拿在手里玩弄，切不可马马虎虎地用眼睛瞟一下，然后漫不经心地塞进衣袋里，或随手弃置一旁，或拿在手中折来折去，这是对赠送名片者不尊重的举止。

（2）如果暂时没有存放名片的地方，可以将其放在桌面上，但不要将物品压在名片上。

（3）如果交换名片后需要坐下来交谈，就应该将名片放在桌子上最显眼的位置，在十几分钟后自然地将其放进名片夹；切忌用别的物品压住名片和在名片上做谈话笔记。

（4）无论在什么场合接收对方的名片，都不要将名片遗忘在桌上，临走时一定要记得带上名片。

（5）在接收对方的名片后，如果自己没有名片可交换，就向对方表示歉意，主动说明，告知联系方式。例如，"很抱歉，我没有名片。""对不起，今天我带的名片用完了，过几天我会寄一张给您。"

（6）和对方分开时，要说明自己会好好保存对方的名片，表示很愿意和对方长期交往。

> **小贴士　索取名片的技巧**
>
> 如果没有必要，就最好不要强索他人的名片。想索取他人的名片，不宜直言相告，可采用以下三种方法。

（1）主动递上自己的名片。例如，"你好！这是我的名片，以后多保持联系（请多关照）！"

（2）向平辈或晚辈索取名片。例如，"我们可以互赠名片吗？""很高兴认识你，不知能不能跟你交换一下名片？"

（3）向地位高的人和长辈索取名片。例如，"久仰大名，不知以后怎么向您请教？""很高兴认识您！以后向您讨教，不知如何联系？"

【技能训练】使用自己制作的名片，演练递交和接收名片的礼仪。

实训演练

公司安排你去接待年长的男性客户张经理，请模拟演练接待中的以下环节：
1. 握手；
2. 自我介绍；
3. 递交名片；
4. 将张经理介绍给你的领导。

美育课堂

古代的作揖

据考证，"揖"大约起源于周代以前，有3000年以上的历史。揖礼属于相见礼。周武王死后，年幼的周成王即位，由叔叔周公旦摄政，采取了许多措施巩固政权，其中包括建立起周朝各项典章制度和礼乐制度。自此，揖礼开始大行于天下。

据《周礼·秋官司仪》记载，根据双方的地位和关系，作揖有土揖、时揖、天揖、特揖、旅揖、旁三揖之分。土揖是拱手前伸而稍向下；时揖是拱手向前平伸；天揖是拱手前伸而稍向上举；特揖是一个一个地作揖；旅揖是按等级分别作揖；旁三揖是对众人一次作揖三下。此外，还有长揖，即拱手高举，自上而下向人行礼。这些作揖的方法仍然分许多等级，现代人只要学习最简便的作揖方法就行了。

如果到别人家做客，在进门与落座时，主客相互客气，行礼谦让，这时行作揖之礼，称为"揖让"。作揖在日常生活中为常见礼仪，除在上述社交场合外，向人致谢、祝贺、道歉及托人办事等也常行作揖之礼。

古代作揖的方式有很多。现代人对待传统礼仪没有必要像古代人那样严谨，但原则性的东西不能弄错。男子右手握拳，左手包于其上是"吉拜"，表示尊重，用于见面、告别等场合；相反的手势则是"凶拜"，一般用于吊丧。女性的手势和男性是相反的，左手握拳，右手包于其上是"吉拜"。

图4-1为唐代画家吴道子所绘的《孔子行教像》，画中展示的就是古人作揖的姿势。

图 4-1 《孔子行教像》

任务五　商务拜访礼仪

情景导入

李冰的领导打算带她去拜访一家有很大合作潜力的客户公司，要求李冰做好准备工作。那么，李冰要做好哪些准备工作才能顺利完成这次拜访呢？

任务清单

任务书	
学习领域	商务拜访礼仪
任务内容	拜访前准备 拜访中礼仪 拜访结束礼仪
知识点探索	1. 拜访客户之前需要做好哪些准备工作？ 2. 在拜访过程中，有哪些礼仪规范需要注意？ 3. 商务拜访的时间如何选择？ 4. 在结束拜访离开时，应如何做到安静有礼？
任务总结	通过完成上述任务，你学到了哪些知识或技能？
实施人员	
任务点评	

> 知识链接

5.1 拜访前准备

子任务一：小组讨论拜访客户之前需要做好哪些准备工作。

在商务交往过程中，相互拜访是常有的事。所谓"不打无准备之仗"，商务拜访前同样需要做好充分的准备工作。

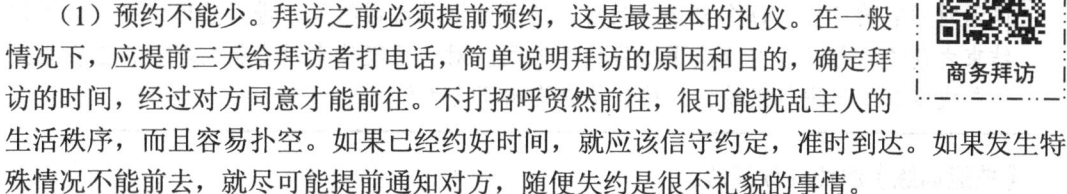

（1）预约不能少。拜访之前必须提前预约，这是最基本的礼仪。在一般情况下，应提前三天给拜访者打电话，简单说明拜访的原因和目的，确定拜访的时间，经过对方同意才能前往。不打招呼贸然前往，很可能扰乱主人的生活秩序，而且容易扑空。如果已经约好时间，就应该信守约定，准时到达。如果发生特殊情况不能前去，就尽可能提前通知对方，随便失约是很不礼貌的事情。

（2）明确目的。拜访必须明确目的，在出发前对拜访要解决的问题做到心中有数。例如，你需要对方解决什么问题，要向对方提出什么要求，最终要得到什么结果，这些问题的相关资料都要准备好，以防万一。

（3）礼物不可少。无论是初次拜访还是再次拜访，礼物都不能少。礼物可以起到联络双方感情、缓和紧张气氛的作用。所以，在礼物的选择上要下一番苦功。既然要送礼，就要送到对方的心坎里，了解对方的兴趣、爱好及品位，有针对性地选择礼物，尽量让对方感到满意。

（4）自身仪表不可忽视。肮脏、邋遢、不得体的仪表是对被拜访者的轻视。被拜访者会认为你不把他放在眼里，会对拜访效果产生直接影响。在一般情况下，登门拜访时，服装应整洁、庄重，仪表应端庄大方，以示对主人的尊重，但不要过于华丽，以免有炫耀的嫌疑。女士应着深色套裙，中跟浅口深色皮鞋配肉色丝袜；男士最好选择深色西装配素雅领带，外加黑色皮鞋、深色袜子。

当然，拜访也可以由主人发出邀请。当接到别人的邀请信件或电话后，要认真考虑是否同意前往，无论答应或拒绝都要及时告诉对方，以免让对方焦急等待，一旦应邀就要守约，没有特殊原因不能失约。

小贴士 电话预约的方法

1．准备

在拨打电话之前，先把所要表达的内容准备好，最好是在手边的纸上列出几条，以免在对方接电话后，自己由于紧张或者兴奋而忘了讲话内容。另外，对于每一句话应该如何说，也应有所准备，若有必要，可提前进行演练。

2．打电话的时机

打电话一定要掌握时机，要避免在吃饭的时间与对方联系，即使拨打了电话，也要礼貌地征询对方是否有时间或方便接听。如果对方有约会、恰巧要外出，或刚好有客人在，应该很有礼貌地与其约定再次通话的时间，再挂断电话。

3．电话交谈

电话接通后，业务人员要先问好，并自报家门，在确认对方的身份后，再谈正事。讲话要简洁明了。在电话沟通时，应注意以下两点。

（1）注意语气变化，态度真诚，说话节奏控制好，不能偏快。

（2）语言富有条理，不可语无伦次，前后反复，让对方产生反感。

4．结束通话

打完电话之后，业务人员应向顾客致谢："感谢您用这么长时间听我介绍，希望您能满意，谢谢，再见。"另外，一定要等顾客挂断电话后，业务人员才能轻轻挂断电话，以示对顾客的尊重。每个电话结束后，应及时记录通话结果，进行整理，在一天工作结束之前进行总结，并确定下次拜访的时间。对于已经传真过资料的客户，应在当天下午或者第二天进行跟踪，以确保传真资料不会失效。

【技能训练】演练拜访预约。

5.2 拜访中礼仪

子任务二：分析在拜访中，小张有哪些细节合乎礼仪，又犯了哪些礼节性错误？

和客户王总预约好之后，小张按照约定的时间到达王总办公室门口。小张首先推开办公室的门，对坐在里面的客户大声说："你好，我是张丽，昨天和你约好的。"王总抬头一看，原来是小张，便请小张入座。小张马上坐下来，把手里的公文包向茶几上一扔，跷起二郎腿说："张总，你这地方可真不好找啊！"

上门拜访是商务拜访礼仪中最为重要的一部分，懂得拜访的礼仪，无疑会为拜访活动增添色彩。

（1）进门的礼节。不管是到拜访对象家里还是到办公室，事先都要敲门或按门铃，等到有人应声允许进入或出来迎接时才可进去。不打招呼擅自闯入，即使门敞开着，也是非常不礼貌的。敲门要用食指敲，力度要适中，间隔有序地敲三下，等待回音。如无应声，则可稍加力度，再敲三下；如有应声，再侧身隐立于右门框一侧，待门开时再向前迈半步，与主人相对。

进屋后，应注意物品的放置。拜访时带有物品或礼品，或随身带有外衣和雨具等，应该放到主人指定的地方，不能乱扔、乱放。

（2）进入房间后的礼节。进屋听主人招呼入座后，要注意姿势，不要过于随便，即使十分熟悉的朋友，跷二郎腿、双手抱膝、东倒西歪也是不礼貌的行为。

主人家有其他人在家，要微笑点头致意。若主人送上茶水，则应从座位上欠身，双手接过，并向主人表示感谢；若有年长者或其他客人，则要等年长者或其他客人取用茶水后，自己再取用。对室内的人，无论认识与否都应主动打招呼。如果你带孩子或其他人来，就要介绍给主人，并教孩子如何称呼主人。

主人不让座不能随便坐下。主人是年长者或上级，主人不坐，自己不能先坐。主人让座之后，要回复"谢谢"，然后采用规矩的礼仪坐姿坐下。

（3）要控制好拜访时间，掌握谈话技巧。和主人交谈，话语要客气，应注意掌握时间，有要事必须与主人商量或向对方请教时，应尽快表明来意，进入正题，不要东拉西扯，浪费时间。

在谈话中，要注意留给对方发表意见的时间；在对方表述时，要认真听，并注意对方所说的重点。在对方讲话时，无论是否赞同，都不要辩解或打断对方讲话。在对方结束讲话后，可发表自己的不同意见或解释问题。陪同领导拜访他人，若领导有指示，则在休息室或车内等候；若领导没有指示，则可以陪同领导谈话，并做好谈话内容的重点记录工作。

拜访者一般不宜在主人家待得太久，要根据情况控制好逗留时间。与主人交谈要善于察言观色，选择时机表明拜访目的。如果主人的情绪较好、谈兴较浓，那么待的时间可以长一点。如果主人心不在焉，说明主人有厌倦情绪，就应该及时收住话题，适时起身告辞。

（4）在拜访时，要尊重主人的生活习惯。到别人家拜访，应尽量适应主人的习惯。如果主人没有主动邀请，就最好不要到客厅以外的其他房间去。

另外，在别人家中，未经许可就自行去开窗或开门，是没有礼貌的举动。而且，在开门窗之前，也要为其他客人着想。

（5）在别人家吃饭时，由于自己不慎而发生异常情况时，要沉着，不要慌张。例如，用力过猛使刀叉撞击盘子发出声响，或碰倒餐具打翻了酒水。刀叉碰出声音，可以轻轻向主人说一声"对不起"。因餐具碰撞而将酒水打翻溅到邻座身上，可以在表示歉意后协助对方擦干。但是，如果对方是女性，只要把干净的餐巾或手帕递上即可，应由其自己处理。

（6）客人在进餐过程中擅自离席是不太礼貌的。至少在饭后半小时再告辞，才不算失礼。所以，假如你在饭后需要立即离开，最好不要接受吃饭的邀请。

> **小贴士　客户因故爽约的处理方法**
>
> 在拜访客户时，经常会遇到客户由于事务繁忙或临时出现变故等原因而爽约的情况，这时拜访者可以从接待人员处了解原因或者打电话和客户沟通。
>
> 如果客户确实脱不开身，拜访者就要和客户重新约定时间，切不可长时间等待客户。一方面，客户确实因为事务繁忙无法应约，拜访者再怎么等待也无法确定客户究竟什么时候有空来见自己。另一方面，如果拜访者长时间等待，客户就会感觉内心愧疚和不自在，这样往往会滋生另一种极端想法："这个人（拜访者）太不地道了，我都说了有事情在忙，他们还不知道自己退让。"如果客户因此恼羞成怒，拜访者的等待也就变成"费力不讨好"了。客户甚至可能因此认定拜访者的产品和技术有严重问题，否则怎么可能长时间等待呢？
>
> 客户因故爽约，拜访者应该在内心设置一个等待的底线（一般为20分钟），超过这个底线就要果断离开，但不能露出不耐烦的表情；在离开时以礼告别（通过电话或通过接待人员转告），同时约定下次拜访的时间。

【技能训练】假设你是文具公司的推销员，将要拜访预约过的客户，请现场演练拜访过程。

5.3 拜访结束礼仪

在商务拜访过程中，时间为第一要素，拜访时间不宜拖得太长，否则会影响对方其他工作的安排。

如果约定了时间，就应按约定的时间告退。如果没有约定时间，那么一般性会面保持在半小时与一小时之间为宜，也可根据情况在谈话结束时适当延长停留时间或适时提前离开。如果主人临时有事或有其他客人光临，就应及时告辞。

拜访要善始善终，离开时向对方家人或在场的其他客人告别，还应该向主人寒暄或致意，握手告别。如果不宜打扰其他人，则可轻声私下向主人道别。在告别时不应拖泥带水，似走非走。有时主人的挽留只是客气话，不应欲走还留。而且，不适合在门口和主人长时间话别。

起身告辞时，与对方握手，礼貌性地对打扰主人表示抱歉，向主人在百忙之中的接待表示感谢（非常熟悉的可免）。出门后，回身主动伸手与主人握别，可请主人留步。待主人留步后，走几步，再回首挥手致意。

远道而来的客人或晚上回家的客人应该在回家之后主动向主人报平安。在国际交往中，到外国朋友家去做客，受到对方款待，返家后要打电话向对方表示感谢。

> **小贴士　商务拜访的最佳时间**
>
> 如果不能把握拜访客户的最佳时间，就无法获得客户的好感，拜访也就无从谈起。那么，如何巧妙地选择拜访客户的最佳时间呢？商务拜访需要注意以下四点。
>
> 1．选择"黄道吉日"
>
> 拜访客户前，用心琢磨什么时候见面比较合适，因为好的开始就是成功的一半。对销售人员来说，要在合适的地点、合适的时间，找到对你的产品感兴趣的人。
>
> 2．切忌在客户下班或要关门时去拜访
>
> 客户下班或要关门，意味着他们回家休息的时间到了。这时，客户不可能好好坐下来与你详谈。如果影响下班或关门，他们还会在心里对你产生反感。
>
> 3．避免在周末和节假日后第一个工作日拜访客户
>
> 如果客户周末休息，就不应该周一去拜访。不只是周一，元旦、春节、劳动节和国庆节放假结束后的第一个工作日，也不适合上门推销。这是因为大家都要处理一些内部事务，而且会议比较多。即使业务紧急，非去不可，也要尽量避开上午。如果一定要当天去拜访，就可在上午电话预约，下午过去拜访。月末各公司都比较忙，除催收货款外，一般也不要拜访客户。
>
> 4．选择合适的时间段
>
> 我国人一般有午休的习惯，拜访最好不要安排在午休时间。一般来说，16—17点、19—20点是不错的拜访时间。拜访时应尽量避免对方的用餐时间，除非要请对方吃饭。如果不打算请对方吃饭，就不要在11点30分之后去拜访新客户；即使拜访老客户，宁可自己在外面吃了饭，也要等到13点30分以后去拜访。总之，拜访的目的在于彼此能充分沟通，因此，选择最佳的拜访时间就显得十分重要了。

只有愚笨者才会以自己为主，只顾自己方便，置目标客户于不顾。聪明者总会选择最佳的拜访时间。

【技能训练】演练商务拜访的道别流程。

实训演练

公司安排你去拜访公司的一个重要客户刘总，请你模拟演练其中的拜访预约和现场拜访。

美育课堂

古人招待讲究"茶七酒八"

无论是茶文化，还是酒文化，如今都已经根植于每个中国人的内心深处，所谓"无酒不成席，无茶不成礼"。古人在敬酒斟茶的时候有诸多讲究，如"茶七酒八"。那么，这句话是什么意思呢？

其实，"茶七酒八"就是说在家里招待客人，给客人斟茶的时候，不要将茶杯里的茶水倒满，只要倒七分满即可，因为古人认为"茶满欺客"。在倒酒的时候，也是如此，不能将酒杯倒满，只要倒八分满即可。

喝茶的时候，除不能将客人的茶杯倒满之外，还有很多其他的讲究。比如，倒完茶之后，茶壶嘴不能对着人放，否则就有赶走客人的意思。又如，"新客换新茶"，就是说，如果有新的客人到，就一定要当着客人的面换上新茶，切记不能让客人喝旧茶。另外，在敬茶的时候，一定要按照辈分高低和年龄长幼的顺序来敬茶。现在讲究"女士优先"，人们以此来表示对女性的尊重，所以敬茶的时候需要按照先女后男的顺序。

项目三　彬彬有礼的待客规则——商务接待礼仪

学习目标

知识目标
熟悉商务场合的座次安排和待客敬茶礼仪，掌握陪同礼仪要领；
了解中西餐餐具的名称与摆放，掌握餐具的使用要领；
掌握礼品馈赠的基本礼仪，熟悉国际礼品馈赠习俗。

能力目标
按照接访礼仪的规范要求进行商务性接待；
安排各种商务宴请活动；
根据不同场合运用餐饮礼仪；
结合不同场合和客人文化背景进行礼品馈赠。

素养目标
培养学生的担当意识；
养成尊敬他人、关怀他人、仁者爱人的美育价值情怀。

知识结构

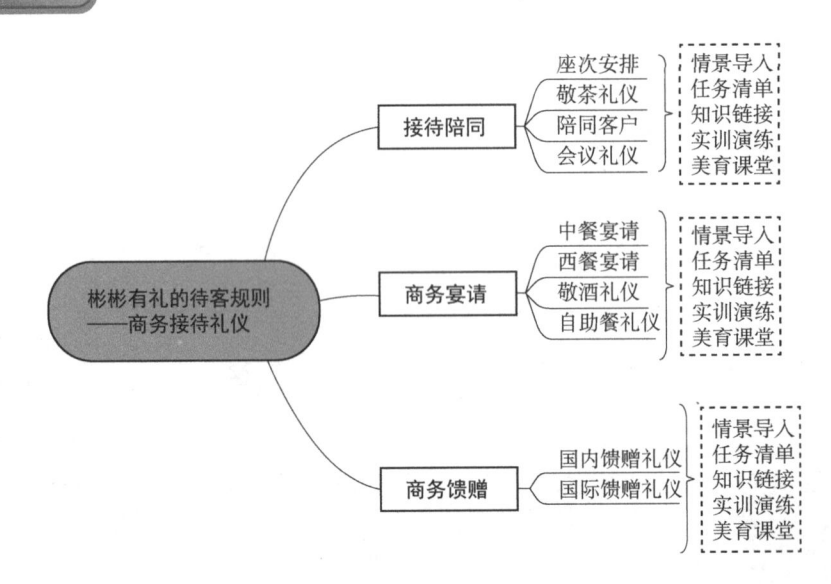

```
                        ┌─ 座次安排 ┐   情景导入
                        ├─ 敬茶礼仪 │   任务清单
            ┌─ 接待陪同 ┤            ├─ 知识链接
            │           ├─ 陪同客户 │   实训演练
            │           └─ 会议礼仪 ┘   美育课堂
            │
            │           ┌─ 中餐宴请 ┐   情景导入
彬彬有礼的  │           ├─ 西餐宴请 │   任务清单
待客规则 ───┼─ 商务宴请 ┤            ├─ 知识链接
——商务     │           ├─ 敬酒礼仪 │   实训演练
接待礼仪    │           └─ 自助餐礼仪┘  美育课堂
            │
            │           ┌─ 国内馈赠礼仪 ┐ 情景导入
            └─ 商务馈赠 ┤               │ 任务清单
                        └─ 国际馈赠礼仪 ┤ 知识链接
                                        │ 实训演练
                                        └ 美育课堂
```

任务六　接待陪同

情景导入

李冰所在的公司将要接待一位重要客户，领导反复交代她一定要做好接待客户的准备工作。李冰想：接待不就是开车接一下，然后倒杯水吗？为什么领导这么重视呢？

任务清单

任务书	
学习领域	接待陪同
任务内容	座次安排 敬茶礼仪 陪同客户 会议礼仪
知识点探索	1. 在会议室内，领导和客户的座次应怎样安排？ 2. 中国茶道有哪些礼仪细节？ 3. 在接待陪同时，陪同人员在客人的哪个方位最合适？ 4. 在参加会议时，与会者的什么行为最不受欢迎？
任务总结	通过完成上述任务，你学到了哪些知识或技能？
实施人员	
任务点评	

知识链接

6.1 座次安排

子任务一：讨论在会议室内领导和客户的座次应怎样安排。

在商务场合中，领导和客户的座次安排非常重要，排列错误将会引起客户的不满，甚至影响整个商务对话的进行。如果你负责接待工作，就一定会遇到领导的座次问题。那么，应该如何安排领导的座次呢？

接待客户

6.1.1 商务场合座次排列的基本理念和规则

1. 座次礼仪基本理念

礼仪规矩更多用于招呼客人和正式场合，家庭成员、熟人和朋友间不必太严格。国内的政府部门会议及公众场合，座位以左为尊。在一般商务场合及国际交往中，座位以右为尊。

2. 座次排序基本规则

以右为上（遵循国际惯例），以居中为上（中央高于两侧），以前排为上（适用于所有场合），以远为上（远离房门为上）和以面对门为上（视野良好）。

【技能训练】通过观看新闻图片、视频等分析并讨论我国与欧美国家在座次排列上的相同点与不同点。

6.1.2 各类商务场合的座次安排

1. 会议主席台座次安排

会议主席台座次安排的原则：左为上，右为下。当领导人数为奇数时，主要领导居中，2号领导在1号领导左边的位置，3号领导在1号领导右边的位置；当领导人数为偶数时，1号、2号领导同时居中，2号领导依然在1号领导左边的位置，3号领导依然在1号领导右边的位置。主席台领导座次安排如图6-1所示。

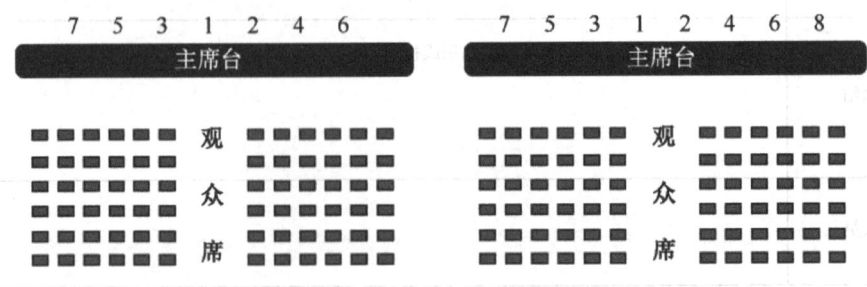

7 5 3 1 2 4 6	7 5 3 1 2 4 6 8
主席台	主席台
观众席	观众席
主席台人数为奇数时	主席台人数为偶数时

图6-1 主席台领导座次安排

2. 宴席座次安排

宴席的座次以远为上，以面对门为上，以右为上，以中为上，以观景为上，以靠墙为上。座次以面对门居中位置为主位，主左宾右，分两侧而坐；或主宾双方交错而坐，越接近首席位次越高，同等距离右高左低。中西宴席座次安排如图 6-2 所示。

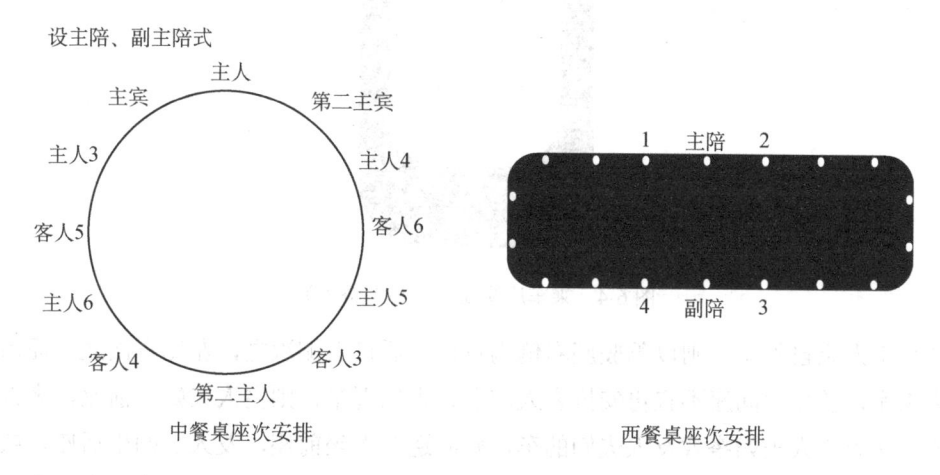

图 6-2　中西宴席座次安排

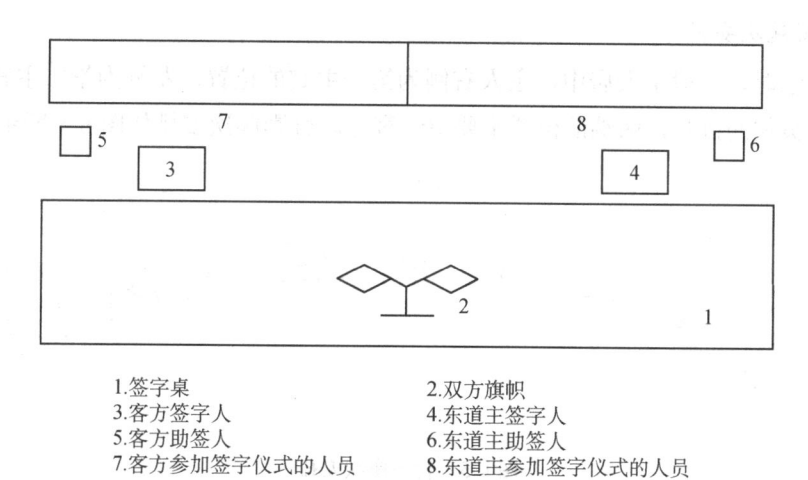

3. 签字仪式座次安排

签字仪式座次安排如图 6-3 所示。签字双方的主人在左边，客人在主人的右边。双方其他人数一般对等，按主客左右排列。

1.签字桌　　　　　　　　　　2.双方旗帜
3.客方签字人　　　　　　　　4.东道主签字人
5.客方助签人　　　　　　　　6.东道主助签人
7.客方参加签字仪式的人员　　8.东道主参加签字仪式的人员

图 6-3　签字仪式座次安排

4. 乘车座次安排

乘车座次安排（小型轿车）如图 6-4 所示。小型轿车 1 号座位在司机的右后边，2 号座位在司机的正后边，3 号座位在司机的旁边（如果后排乘坐 3 人，则 3 号座位在后排的中间）。中型轿车主座在司机后边的第一排，1 号座位在临窗的位置。

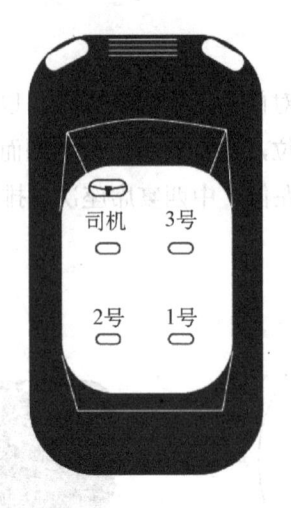

图 6-4　乘车座次安排（小型轿车）

如果主人亲自驾车，则以驾驶座右侧为首位，后排右侧次之，左侧再次之，而后排中间座为末席，前排中间座不宜再安排客人。主人夫妇驾车，则主人夫妇坐前座，客人夫妇坐后座。如果主人夫妇搭载友人夫妇的车，则应邀友人坐前座，友人之妇坐后座，或让友人夫妇都坐前座。主人亲自驾车，坐客只有一人的，应坐在主人旁边。若同车多人，坐前座的客人中途下车后，在后面坐的客人应改坐前座，此项礼节最易被疏忽。

旅行车接送客人，以司机座后第一排，即前排为尊，后排依次为小；其座位的尊卑，从每排右侧往左侧递减。

5. 合影座次安排

合影留念时，一般主人居中，主人右侧为第一主宾的位置，左侧为第二主宾的位置，双方其他人员相间排列，两端的位置不要留给客方。合影座次安排如图 6-5 所示。

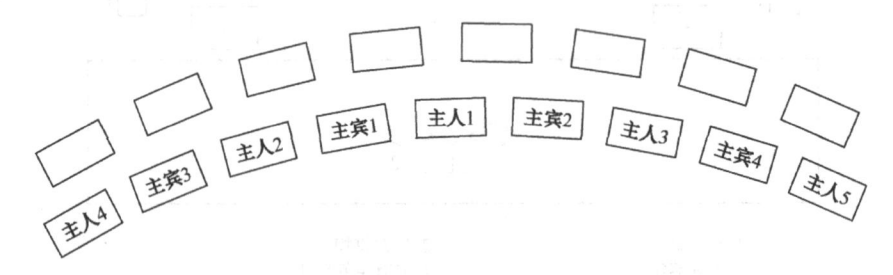

图 6-5　合影座次安排

6. 会议室座次安排

按照惯例，会议室接待礼仪的座次排列通常依照以面对门为上，以右为尊的原则。无论哪一种形式，都以主客双方面对门为上，主方坐于左侧，客方坐于右侧。如果会见外宾，有翻译、记录员时，他们应坐在主人和主宾的身后。会议室座次安排如图 6-6 所示。

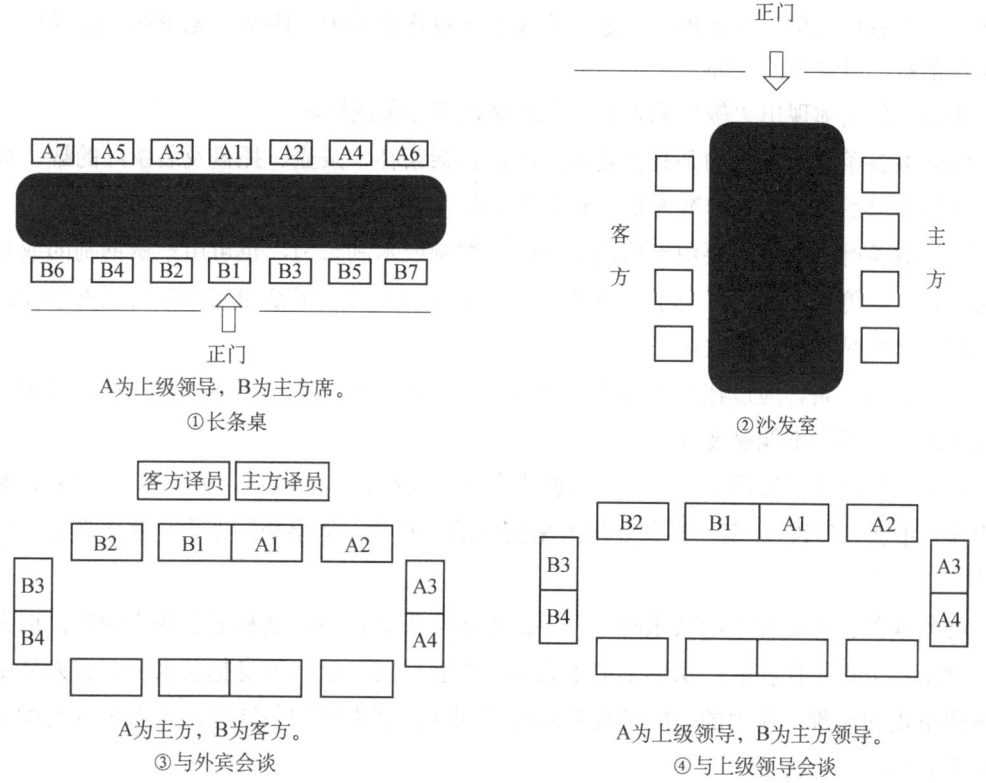

项目三 彬彬有礼的待客规则——商务接待礼仪

A为上级领导，B为主方席。
① 长条桌

② 沙发室

A为主方，B为客方。
③ 与外宾会谈

A为上级领导，B为主方领导。
④ 与上级领导会谈

图 6-6 会议室座次安排

> **小贴士** 汽车最安全的座位——后排中间座位

对轿车而言，坐在哪个位置安全只是相对来说的。美国交通管理部门曾资助一个专家小组，以乘坐5人的轿车为对象，通过事故调查分析和实际检测得出结论：如果将汽车驾驶员座位的危险系数设定为100，则副驾驶座位的危险系数是101，而驾驶员后排座位的危险系数是73.4，后排另一侧座位的危险系数为74.2，后排中间座位的危险系数为62.2。由此可见，后排中间位置是最安全的。如果不喜欢坐在中间位置，那坐在司机后方的座位就是比较安全的，因为驾驶员在遇到突发危险时会本能地躲避，所以驾驶员后边的座位相对而言就是安全的，但前提是车上的驾乘人员都要系上安全带，否则再安全的座位也不能保证驾乘者的安全。

【技能训练】演练各种场合的座次安排。

6.2 敬茶礼仪

子任务二：观看茶道视频，注意其中的礼仪细节。

6.2.1 敬茶顺序

我国历来就有"客来敬茶"的风俗。有客来访，主人大多数喜欢泡杯热茶敬奉客人。

— 67 —

给客人敬茶看似简单，其实也有一定的礼仪学问包含在其中。因此，无论在任何场所，敬茶礼仪都是不可忽视的一环。

那么，如何体现出"敬"呢？首先应遵循以下敬茶的顺序。

（1）准备茶具。泡茶的茶具一定要洁净，包括茶杯、茶壶、托盘及装茶叶的罐、盒。待客人坐定以后，主动询问客人是否对所饮的茶有特殊要求。

（2）取茶叶。取茶叶要用专用的器皿——竹制或木制茶勺，也可用不锈钢制的或陶制的勺代替，不能用手抓，以免手气或杂味影响茶叶的品质。用茶勺向空壶内装入茶叶，通常按照茶叶的品种决定投放量。

（3）敬茶。茶杯应放在客人右手的前方。请客人喝茶，要将茶杯放在托盘上端出，并用双手奉上，手指不能触及杯沿。

（4）当宾客边谈边饮时，要及时添加热水，体现对宾客的敬重。客人需善"品"，即小口啜饮，不能"牛饮"。第一杯茶要敬给来宾中的年长者，如果是同辈人，就应当先请女士用茶。

（5）续茶。往高杯中续茶水时，左手的小指和无名指夹住高杯盖上的小圆球；用大拇指、食指和中指握住杯柄；从桌上端下茶杯，双腿一前一后，侧身把茶水倒入客人杯中，以体现举止的文雅。壶中的茶叶可反复浸泡三四次；客人杯中茶饮尽，主人可为其续茶；客人离去后，方可收茶。

喝茶的客人要以礼还礼，双手接过，点头致谢。品茶时，讲究小口啜饮，"一苦二甘三回味"，其妙趣在于意会而不可言传。另外，客人可以适当称赞主人的茶。

敬茶礼仪有着一定的讲究，在待客方面重视敬茶礼仪也很重要，所以，需结合平时生活而不断地练习，加上品茶者对茶的深刻理解，才能自然地表达出其中对客人的尊敬之意，同时也体现出敬茶人的修养。

小贴士　茶具的选择

俗话说："水为茶之母，壶是茶之父。"要获取一杯上好的香茗，需要做到茶、水、火、器四者相配，缺一不可。这是因为饮茶器具不仅是饮茶时不可缺少的一种盛器，具有实用性，而且有助于提高茶叶的色、香、味。同时，高雅精美的茶具本身就具有欣赏价值，富含艺术性。

茶具可因茶叶的种类不同而异。一般来说，饮用花茶，为利于香气的保持，可用壶泡茶，然后斟入瓷杯饮用；饮用大宗红茶和绿茶，注重茶的韵味，可选用有盖的壶、杯或碗泡茶；饮用乌龙茶重在"啜"，宜用紫砂茶具泡茶；饮用红碎茶与工夫红茶，可用瓷壶或紫砂壶泡茶，然后将茶汤倒入白瓷杯中饮用；品饮西湖龙井、洞庭碧螺春、君山银针、黄山毛峰等细嫩名优绿茶，除选用玻璃杯冲泡外，也可用白色瓷杯冲泡饮用。紫砂壶如图6-7所示。

图 6-7　紫砂壶

【技能训练】演练敬茶的流程。

6.2.2　敬茶注意事项

最基本的敬茶之道就是在客人来访时马上敬茶。敬茶前应先请教客人的喜好，如有茶点招待，应先将茶点端出，再敬茶。那么，敬茶应注意的礼仪细节有哪些呢？

（1）敬茶时应注意茶不要太满，以八分满为宜；水温不宜太烫，以免客人不小心被烫伤。

（2）有两位以上的访客时，用茶盘端出的茶色要均匀，并用左手捧着茶盘底部，右手扶着茶盘的边缘，如有茶点，应放在客人的右前方，茶杯应摆在茶点的右边。上茶时应以右手端茶，从客人的右方奉上，并面带微笑，眼睛注视对方。

（3）上茶时应向在座的人说声"对不起"，再以右手端茶，从客人的右方奉上，面带微笑，眼睛注视客人并说："这是您的茶，请慢用！"

（4）依职位高低顺序先将茶端给职位高的客人，再依职位高低顺序将茶端给自己公司的同人。

（5）以咖啡或红茶待客时，杯耳和茶勺的握柄要在客人的右边。此外，还要替每位客人准备一包砂糖和奶精，将其放在杯子旁（碟子上），方便客人自行取用。

喝茶的环境应该幽雅、洁净、舒适，让人有随遇而安的感觉。选茶也要因人而异，如北方人喜欢饮带香味的花茶，江浙人喜欢饮清芬的绿茶，闽粤人喜欢酽郁的乌龙茶、普洱茶等。茶具既可以用精美独特的，也可以用简单质朴的。

> **小贴士**　接受斟茶时的回敬礼
>
> 在接受斟茶时，要有回敬礼仪。
>
> （1）长辈向晚辈：如图 6-8 所示，用食指或中指敲击桌面，相当于点下头即可。如很欣赏晚辈，则可敲三下。

图 6-8　用食指敲击桌面致意

（2）晚辈向长辈：五指并拢成拳，拳心向下，5个手指同时敲击桌面，相当于五体投地跪拜礼。一般敲三下即可。

（3）平辈之间：食指中指并拢，敲击桌面，相当于双手抱拳作揖。敲三下表示尊重。

【技能训练】 演练斟茶与喝茶的礼仪。

6.3 陪同客户

子任务三：讨论接待陪同时，陪同人员在客人的哪个方位最合适。

客人上门来访，最怕受到冷遇。不管是普通来访还是重要客人，来者都是客，做好接待陪同是基本的待客之道。接待中的陪同既是对客人的礼遇，也使客人的出行更为便利，同时方便客人了解相关情况。

6.3.1 基本陪同礼仪

在商务活动中，接待人员陪同客人，一般步行在客人的左侧，以示尊重。主陪人员陪同客人，应与客人同行。随行人员应走在客人和主陪人员的后边。引导人员应走在客人左前方一两步远的地方，和客人的步速一致；遇到路口或转弯处、路不平、上下楼梯等特殊位置时，应用手示意方向加以提示。

乘坐电梯时，如有专人服务，则应请客人先进；如无专人服务，接待人员就应先进去操作电梯，电梯到达楼层时请客人先行。进房间时，如门朝外开，陪同人员应请客人先进；如门朝里开，陪同人员应先进去，扶住门，再请客人进入。

乘车时，陪同人员先打开车门，请客人上车，并以手背贴近车门上框，提醒客人避免磕碰，待客人坐稳后再关门开车。按照习惯，乘车时客人和主陪人员应坐在司机后第一排座位上，客人在右，主陪人员在左，其他陪同人员坐在司机身旁。车停后，其他陪同人员先下车打开车门，再请客人下车。在接待两位贵宾时，主人或接待人员应先拉开后排右边的车门，让尊者先上，再迅速从车的尾部绕到车的另一侧，打开左边的车门，让另一位客人从左边上车；只开一侧车门让一人先进去的做法是失礼的。

当然，为了让宾客顺路看清本地的一些名胜风景，也可以在说明原因后，请客人坐在左侧，但同时应向客人表示歉意。需要强调的是，即使为了让客人欣赏风景，也不要让客人坐在司机旁边的位置，尤其接待外国客人时更应注意这一点，否则会弄巧成拙，导致事与愿违。

如果陪客人参观访问，陪同人员就应提前10分钟到达。在参观过程中，陪同人员应走在客人的右前方，并超前两三步，实时注意引导，在进出门户、拐弯或上下楼梯时，应伸手示意；在参观结束后，应将客人送至宾馆再告别。

不论是集体活动还是单独与客人相处，陪同人员都必须遵守有关纪律，严格执行请示报告制度，服从上级领导安排。为防止喧宾夺主、言多语失，陪同人员在与客人相处时，一定要谨言慎行，宁可不说、少说，也绝对不可胡说、乱说。但是，陪同人员对客人要有问必答，并注意不能随意越权许诺。陪同人员要了解客人的综合情况，明确接待方案，熟悉全过程，注意各个环节的衔接。

与客人共处时,陪同人员要口头保密与书面保密并重,切勿在客人面前议论内部问题;有关内部情况的文件、资料、笔记、日记乃至笔记本电脑,非因公需要尽量不要随身携带,更不要交给他人看管或直接借给他人。

与客人共处时,陪同人员必须不卑不亢,与之保持适当的距离。陪同人员既要在生活上主动关心、照顾客人,又要维护国格、人格,切不可向客人索取财物,或在其他方面随意求助于客人,也不要对客人的一切要求不加区分地有求必应。

> **小贴士** 陪同上级出差的小细节
>
> 陪同上级外出,看似仅仅是拎包、倒水,其实要出色地完成这项工作并不容易。它要求陪同人员掌握常识,讲究礼仪,提高素质,既能按规矩办事,又能相机行事,这样才不会影响商务外出活动的效果。因此,在陪同上级外出过程中应注意以下事项和礼仪。
>
> (1)与上级充分沟通,了解外出的目的、必备物品、外出工作的内容和需要接见的对象,并根据工作内容和接见的对象准备相关的文件、资料和礼品、携带的证件,甚至相机等,安排好领导的行程。
>
> (2)如果是开会,就应提前准备开会需要的资料,应先学习有关会议的内容,以便在开会时做好记录。
>
> (3)如果是走访或谈判,就应当先调查和了解走访或谈判的对象。
>
> (4)与所去之地的有关单位事先联系,提供前往人员的名单(包括姓名、性别、民族、职务等),说明此行的目的和行程计划等。
>
> (5)时间观念要强。在征求上级的意见后,陪同人员要与司机约定出发时间及行车路线;外出时的所有活动,陪同人员都要提前做好准备,按时召集其他人员等候领导,不能让领导等待自己。
>
> (6)保持通信畅通。在陪同上级外出时,一定要与上级及同行人员时刻保持联系。这是因为在外出活动中,情况随时可能发生变化,陪同人员哪怕短时间的单独行动也要与上级及同行人员保持通信畅通。
>
> (7)入住宾馆后,同行人员应互相知晓对方所住的房间,及时将同行人员所住房号、内部电话提供给上级,以便及时联络。

【技能训练】假设公司将接待两个重要的印度客户,请演练接待流程。

6.3.2 参观陪同礼仪

在参观访问中,指定的陪同人员不能过多,中途不得换人或不辞而别。在陪同过程中,陪同人员应适当和客人聊天、寒暄,避免冷场,使客人尴尬;但在车上时应随时留意,客人在休息或者明显表现出疲惫状态时不应去打扰。

陪同客人时,要带客人去哪里、大概多远、去见什么人,都应提前和客人沟通,以方便客人配合。根据客人的来访目的、本单位的规定和时间计划提出参观项目建议,也可以将客人提出的参观建议上报给主管领导,在主管领导同意后予以安排。安排参观活动要考虑的因素有起止时间、交通工具、人员陪同与讲解、参观项目的资料准备、休息地点、餐饮安排、其他安全措施（如安保或特殊行业、特定部门所需的防护服），以及拍照、录像人员等。

对于重要客人，一般由主管领导甚至单位负责人亲自陪同。在通常情况下，由一直接待的人员陪同客人参观并讲解，或者由单位专门负责讲解的员工负责。

参观前，应向客人介绍参观的大致概况，如项目情况、参观时间、特别注意事项、陪同人员、讲解人员等。在陪同参观过程中，行进速度应照顾到客人的行进速度。在讲解时，要面向客人并与客人保持适当的距离，既方便自己看展品又方便介绍。

注意：要把客人引领到适合其观察的角度。随时引导客人，指出注意事项并做出说明，经常和客人进行眼神交流。特殊地方，如有楼梯、台阶、地面光滑、地面不平及头顶上方有障碍等情况，随时要进行语言关照，提示客人注意安全。对客人提出的问题应简要回复，以免影响参观进度。在参观时不宜赶场，注意安排客人适当休息。

陪同客人参观如图 6-9 所示。

图 6-9　陪同客人参观

【技能训练】模拟演练陪同客户参观公司，并向客户介绍公司业务。

6.4　会议礼仪

子任务四：小组讨论在参加会议时哪种与会者最不受欢迎。

参加会议者大致分为两类，即普通会议参与者和其他会议参与者。其他会议参与者主要是相对于普通会议参与者而言的，包括主席台就座者、会议发言人、会议来宾等。

图 6-10 所示为会议场景。

图 6-10　会议场景

6.4.1 普通会议参与者的会议礼仪

对于普通会议参与者而言，在开会过程中，应注意以下礼仪。

1. 开会之前

（1）守时。在参加会议时，会议参与者一般在规定的会议时间之前提前 5 分钟进入会场，不要迟到，迟到可以视为对本次会议不重视或对会议主持人及其他与会者的轻视与不尊重。确有其他原因迟到的，要向主持人及与会者点头致歉。新人（会议新手），提前进入会场是有好处的，因为你可以向早到的与会者做自我介绍，联络感情；也可以多请教前辈，更深入了解会议内容，以便提前进入状态。新人必须以友善且正式的方式将自己介绍给对方，如告诉对方你的姓名、代表公司或单位、负责部门等，并出示名片。

（2）仪表。衣着应以正式上班的服装为主，穿着不可过于随便。如果是户外会议，就应事先询问主办单位是否可着休闲服。

（3）举止。在参加会议时，坐姿端正，不可东倒西歪或趴在桌子上。不要搔首、掏耳、挖鼻、剔牙、剪指甲。

（4）在会议开始前，若主席仍未介绍与会人士，可主动伸手和邻近座位的人握手，进行自我介绍。

2. 会议进行时

（1）在会议进行期间，会议参与者应认真倾听报告或他人发言。做好会议记录，对深入体会和准确传达会议精神有很大帮助。在会议开始时，应将手机关机或调至振动状态。开会时，在下面闲聊、看书报、摆弄小玩意儿、抽烟、吃零食、打瞌睡或随意进出会场等，都是不文明的行为。

（2）在会议进行中，出席者要发言时，应先举手，这是发言的礼貌。发言时应对事不对人，勿损及他人的人格及信誉。在会上发言时，应口齿清楚，态度平和，手势得体，不可手舞足蹈，忘乎所以或口出不逊。

（3）不可任意打断他人发言，应等对方报告到一段落或结束时再提出问题，对于对方的论点有听不清楚或不明了的地方，可要求对方再做说明。但是，无论任何发言，都应尊重议事规范，先举手等点名之后再发言。

（4）千万不要在众人面前打哈欠、频频看表、身体动来动去、把玩手上的笔或闭上眼睛等，这些都是很不礼貌的行为。

3. 会议结束

在会议结束后，会议参与者要按顺序离开会场，不要拥挤和横冲直撞。

> **小贴士** 与会者的 6 个注意事项

（1）若会议因某人迟到延后，不要一个人坐在位子上干等或显得不耐烦，可适时与周围的与会人士交谈，聊些与主题相关的事或时下流行的话题。

（2）到会场时态度应从容，不要慌慌张张，一副对会议主旨摸不着头脑的样子。参加任何会议都应事先将会议的目的、内容做一番深入了解，在开会时才能顺利进入状态。

（3）如果要在会议中使用录音机录音，应在会议前征求主持人的同意，否则不宜擅自录音。若需录像，则应在会议开始前架设好设备，以免到时手忙脚乱。

（4）除指定的会议记录人员之外，与会者也应记下他人或自己的讨论及评论要点，以吸取别人的意见与经验。不要因无聊而打盹，也不要随手在纸上涂写或玩弄纸笔，这些举动会给人留下不好的印象。

（5）在会场上要轻松流利地抒发自己的观点，尽可能避免紧张或词不达意。对他人的见解不能认同时，也应控制自己的情绪。暴躁地否定他人是粗俗无礼的，你可以轻轻摇头或在对方说完之后，做一番平静的评论，以显示不认同对方的观点。向其他与会者发表意见时，要注意用词的准确度，"我"代表个人，而"我们"代表公司、团体或某些人。

【技能训练】参加一次正式会议，观察与会者的会议礼仪。

6.4.2 其他会议参与者的礼仪

除普通会议参与者之外，会议一般还有其他会议参与者。他们除应遵循普通会议参与者要遵循的礼仪之外，还有一些独特的礼仪需要遵从。

1. 主席台就座者的礼仪

主席台就座者应遵循相应的礼仪规范。进入主席台时，应该井然有序；若此时参加会议者鼓掌致意，主席台就座者也应该微笑鼓掌作答。有些会议，在座位上或主席台的长桌上已标明就座者的姓名，此时应按照会议工作人员的引导准确入座。

在会议进行中，主席台就座者应该认真倾听发言人发言，一般不得与其他就座者交头接耳，更不能擅自离席，确有重要和紧急的事宜需提前离开会场，应与主持人打招呼，最好征得其同意后再离席。

2. 会议发言人的礼仪

对会议发言人来说，其礼仪主要表现为发言要遵守秩序。若话筒距离自己的座位较远，则应以不快不慢的步子走向话筒。不要刚一落座就急着发言。在发言之前，可面带微笑，环顾一下会场四周。若会场里响起掌声，可以适时鼓掌答礼，等掌声静下后，再开始发言。发言时应掌握好语速和音量，以使会场中所有的人都能听清为宜。发言一般应使用普通话，不能大量运用方言土语。

在大型会议上发言，准备要充分，态度要谦虚。发言内容要做到中心突出、材料翔实、感情真实、语言生动，忌自我宣传、自我推销，更不能有对听众不尊重的语言动作和表情。发言要严格遵守会议组织者规定的时间。参加小型座谈会、研讨会，发言要简练，观点要明确，讨论问题态度要友好，不要随便打断别人的发言。对不同意见，应求同存异，以理服人；不要嘲讽挖苦，进行人身攻击。

发言时还应注意观察与会者的反应，以便根据具体情况对内容进行相应的调整。例如，会场里交头接耳不断，就要考虑适当转移话题，或将发言内容适当压缩，尽量缩短时间。

发言结束时，应向全体会议参加人员表示感谢。

3. 来宾的礼仪

会议邀请的来宾应"客随主便"，听从会议组织者的安排，做到举止端庄，行为有度。在会议开始前或进行中遇到熟人，不能把注意力只放在一两个人身上，要照顾到来宾中的每个人，不能因为自己是来宾就不遵守会场纪律，也不能有高人一等的表现。

小贴士　会议倒茶礼仪

1．倒茶的方法

倒茶时茶叶不宜过多，也不宜太少。茶叶过多，茶味过浓；茶叶太少，茶味过淡。假如客人主动说明自己喜欢喝浓茶或淡茶，就按照客人的口味把茶冲好。

倒茶时，无论是大杯还是小杯，都不宜倒得太满，太满了容易溢出，弄湿桌子、椅子、地板，甚至烫伤自己或客人的手脚。当然，茶也不宜倒得太少。若茶水只遮住杯底就端给客人，客人会觉得你在装模作样，不是诚心实意的。倒茶一般以七八分满为宜。

2．倒茶的礼仪

倒茶时，应该在与会人员的右后方倒茶，在靠近之前，应该先提示"为您奉茶"，以免对方突然转身把茶水碰洒了。如果是女士，杯子的拿法就应该是右上左下，即右手握着杯子的 1/2 处，左手托着杯子底部；如果是男士，就应双手水平拱握杯子的 1/2 处，摆放在与会人员右手前方 5～10 厘米处，有柄的茶杯则将杯柄转至右侧，以便取放。

3．添茶的礼仪

添茶时，对有盖的杯子，用右手中指和无名指将杯盖夹住，轻轻抬起，大拇指、食指和小拇指将杯子拿起，侧对客人，在客人右后侧方，用左手将其添满，同样摆放在客人右手前方 5～10 厘米处。对于有柄的茶杯，将杯柄转至右侧。

【技能训练】模拟演练年终总结发言。

实训演练

一个长期合作的老客户即将拜访你的公司。客户一行共 4 人，包括总经理、副总经理、营销总监和行政助理，请你为他们安排接待流程，并模拟演练会议座位安排、敬茶、乘车陪同，以及步行陪同。

美育课堂

我国传统待客之礼

在科技飞速发展的现代，通信技术的发展使人们少了很多与人面对面交流的机会，而我国有许多优秀的文化礼仪传统，下面谈谈古人在待客方面的一些礼仪。

1. 拂席

拂席即擦去坐席上的灰尘，请客人就座，以示敬意。

《战国策·燕策三》："田光曰：'敬奉教。'乃造焉。太子跪而逢迎，却行为道，跪而拂席。"唐代韩愈《山石》诗："铺床拂席置羹饭，疏粝亦足饱我饥。"《旧唐书·文苑传下·王维》："维以诗名盛于开元、天宝间，昆仲宦游两都，凡诸王驸马豪右贵势之门，无不拂席迎之。"

2. 扫榻

扫榻即拂拭坐卧用具，以示对客人的欢迎。

宋代陆游《寄题徐载叔秀才东庄》诗："南台中丞扫榻见，北门学士倒屣迎。"《西湖佳话·西泠韵迹》："妾既邀鲍先生到此，本当扫榻，亲荐枕衾，又恐怕流入狎邪之私。"

3. 倒屣

倒屣即倒屐，意思是由于急于迎接客人，以致把鞋子穿倒了，形容热情迎客。

东汉时，蔡邕是一位博学多识的文学家、书法家，很受朝廷器重，在当时很有名气，家里经常高朋满座。有一天，蔡邕正在家里陪几位客人习诵《诗经》，仆人通报王粲来访。蔡邕迫不及待地出迎，竟然把鞋子穿倒了。蔡邕以很高的礼节，非常客气地把王粲迎进来。众宾客以为是什么大人物让蔡邕如此匆忙，原来是个瘦弱的孩子，满屋子的人都觉得惊异。蔡邕说："这位是王府公子，天赋异禀，我自叹不如。我家收藏的书籍文章，应当全部由他来传承。"王粲的确智力超群，对答如流，过目成诵，可以把搞乱的棋局一点不差地重新摆好，而且他的文章写得特别好，后来成为著名文学家。

任务七　商务宴请

情景导入

经过两周的洽谈和协商，李冰的公司终于与客户签订了合同。李冰的领导叮嘱她马上准备晚宴招待客户。李冰一下子紧张起来，心想：准备晚宴应该先做什么？流程是怎样的？和宴请家人相比，商务宴请有什么不一样的讲究吗？

任务清单

任务书	
学习领域	商务宴请
任务内容	中餐宴请 西餐宴请 敬酒礼仪 自助餐礼仪
知识点探索	1. 中餐宴请需要做哪些准备工作？ 2. 中餐桌上如何安排座次？ 3. 中餐筷子有哪些使用礼仪和禁忌？ 4. 西餐餐具的拿取顺序是怎样的？
任务总结	通过完成上述任务，你学到了哪些知识或技能？
实施人员	
任务点评	

知识链接

7.1 中餐宴请

子任务一：结合平日的观察，讨论中餐基本礼仪。

我国素有"礼仪之邦"之称，礼被认为是个人的文化学识与心性修养的反映。"不学礼，无以立。"礼的核心是人的社会行为规范。五千年的文化传承积累了极为规范和纯正的修养和举止礼仪，对餐桌礼仪而言，在中国文化中有很多讲究。

7.1.1 桌次排列和席次排列

1. 桌次排列

宴会一般分为以下两种情况。

（1）由两桌组成的小型宴会。其一，以右为上。当餐桌分为左右时，应以居右之桌为上。此时的左右是在室内根据"面对门为上"的规则确定的。其二，以远为上。当餐桌距离餐厅正门有远近之分时，通常以距门远者为上。

（2）由三桌或三桌以上的桌数组成的宴会，则以居中为上。当多张餐桌并排列开时，一般以居中者为上。在大多数情况下，以上桌次排列规则往往是交叉使用的。

2. 席次排列

在宴会上，席次具体是指同一张餐桌上席位的高低。中餐宴会上席次安排有以下四个具体规则。

（1）以面对门为主，即主人之位应当面对餐厅正门。有两位主人时，双方可对面而坐，一人面对门，一人背对门，主宾和主宾夫人分别在男女主人右侧就座。

（2）主宾居右，即主宾一般在主人右侧之位就座。

（3）好事成双。根据传统习俗，凡吉庆宴会，每张餐桌上就座之人应为双数。

（4）各桌同向。宴会上每张餐桌的座次排位通常大体相似。

【技能训练】张总将宴请李总，张总的陪同人员有副总刘明、秘书小王、司机小吴，李总的陪同人员有秘书小胡、司机老杨，请你为他们进行席次排列。

7.1.2 中餐餐具的摆放及使用

中餐餐具的使用顺序是依照上菜顺序而定的。下面介绍中餐的上菜顺序。

1. 上菜顺序

中餐的上菜顺序是先凉后热，先炒后烧，以汤收尾，最后是主食。咸鲜清淡的菜先上，味浓味重的菜后上。上热菜时，最贵的热菜先上。

宴席里的上菜顺序大致如下。

（1）茶。在餐厅里，因为要等待，所以先来清口茶。

（2）凉菜，一般是一些凉拌菜，如白切鸡、卤水拼盘等。
（3）热菜，视规模选用滑炒、软炒、干炸、爆、烩、烧、蒸、浇、扒等组合。
（4）主菜，指整只、整块、整条的价格高的菜肴，如乳猪、全羊、大块鹿肉等。
（5）甜菜，包括甜汤，如冰糖莲子、银耳甜汤等。
（6）点心。一般大宴席不供米饭，而以糕、饼、团、粉、各种面、包子、饺子等做主食。
（7）水果，爽口，消腻。

此顺序非一成不变。例如，水果可以在冷盘里上，点心可以在热菜里上。较浓的汤菜应该按热菜上；贵重的汤菜，如燕窝等，要作为热菜中的头道菜。出于对季节的考虑，冬季重红烧、红焖、红扒和砂锅、火锅等；夏季则以清蒸、白汁、清炒、凉拌为主。颜色搭配、原材料的多样化也应考虑。

2. 餐具的摆放及使用

中餐餐具不如西餐餐具繁复，一对筷子即可走天下，但餐具摆放和使用也是有一定讲究的。中餐餐具主要有杯、盘、碗、碟、筷、勺6种。在正式宴会上，水杯放在骨碟左上方，酒杯放在右上方。喝不同的酒要使用不同的杯子。筷子与汤勺可放在专用的架子上，或放在纸套中。公用的筷子和汤勺最好放在专用的架子上。中餐餐具摆放位置如图7-1所示。

图7-1 中餐餐具摆放位置

在使用汤勺时，应注意汤勺是用来喝汤的，尽量不要用来舀菜。如果要拿取汤羹类的菜，可以用公用的汤勺舀到自己的碗里再吃。不用的时候，将汤勺平置在食盘上，不要竖放在汤碗里，以免不小心打翻。喝汤的时候要注意，不要将汤勺全部含入口中，那样不雅观。

食盘是用来盛放吃的食物的，食物残渣可推至食盘上端，等待服务员清理。吃面时，应将面条卷起来放进汤勺里，用筷子把面和汤勺同时送入口中。

水杯主要用来盛放清水、汽水、果汁、可乐等软饮料，不要用来盛酒，也不要倒扣。另外，喝进口里的东西不能再吐回杯中。一般餐桌上会为每位用餐者准备茶水、饮料和酒水，通常茶水、饮料、酒水在右侧，饮用时尽量不要拿错。

尽量不要当众剔牙。非剔不可时，用另一只手掩住口部。剔出来的东西，不要当众观赏或再次入口，也不要随手乱弹、随口乱吐。剔牙后，不要长时间叼着牙签，更不要用牙签扎取食物。

如果服务员送上一块湿毛巾，应礼貌地接下并轻轻擦拭一下自己的双手，然后放在桌边，绝不能用它擦脸、脖子和手臂，哪怕此时汗流浃背。

当主人示意用餐时，可将桌上的餐巾拉开平铺在自己的双腿上，中餐是将餐巾完全打开的。当中途因故离开座位时，可将餐巾稍微折一下放回桌上，但绝不能将餐巾放在椅子上。

用手取食物，可用洗手水洗手后，再用餐巾擦干。用餐完毕，可用餐巾轻轻擦拭嘴唇和嘴角，然后顺势将餐巾放在餐具右边，不可放在椅子上，也不可叠得方方正正的放在一边。

> **小贴士** 中餐礼仪禁忌
>
> （1）不要先动筷，要等主人示意"开始"，而且主宾动筷后才可动筷。
> （2）不要擅自为别人夹菜，可以向别人推荐自己觉得好的菜。
> （3）不要挑菜，不要专挑自己喜欢的菜吃，更不要把菜翻来翻去，影响别人。这种行为是非常不礼貌和不雅观的。
> （4）就近夹菜，顺时针转桌，小口安静进食，嘴中有食物时不要发出声音。
> （5）不要多动椅子，将手机调成静音模式，不要当众整理服饰、补妆。

【技能训练】在实训室演练中餐礼仪，请注意细节。

7.2 西餐宴请

子任务二：小组讨论西餐常见的菜式，对于这些菜如何使用餐具食用？

商务西餐宴请（1）

"西餐"这个词是由特定的地理位置而来的。人们通常所说的西餐主要包括西欧国家的饮食菜肴，当然同时包括东欧各国、地中海沿岸国家和一些拉丁美洲国家（如墨西哥）的菜肴。

西餐一般以刀叉为餐具，以面包为主食，多以长方形桌台为餐桌。西餐的主要特点是主料突出、形色美观、口味鲜美、营养丰富、供应方便等。西餐大致可以分为法式、英式、意式、俄式、美式、地中海式等多种不同风格的菜肴。

掌握西餐礼仪知识并自觉运用会在他人心中塑造良好的形象。西餐礼仪对我们越来越重要，掌握西餐礼仪已是必备的素质。

7.2.1 西餐席次安排和上菜顺序

1. 席次安排

（1）女士优先。在西餐礼仪里，女主人为第一主人，在主位就位。男主人为第二主人，坐在第二主人的位置。

（2）距离定位。西餐桌上席位的尊卑，是根据其距离主位的远近决定的。距主位近的位置尊于距主位远的位置。

（3）以右为尊。在排定席位时，以右为尊是基本原则。男主宾排在女主人的右侧，女主宾排在男主人的右侧,按此原则,依次排序。

(4) 面对门为上。在餐厅内,以餐厅门作为参照物,按礼仪的要求,面对餐厅正门的位置尊于背对餐厅正门的位置。

(5) 交叉排序。西餐排列席位,按照交叉排列的原则,即男女应当交叉排列,熟人和生人也应当交叉排列。一个就餐者的对面和两侧往往是异性或不熟悉的人,这样就餐者可以广交朋友。

2. 上菜顺序

西餐有正餐与便餐之分,两者的菜序也有很大区别。

西餐的正餐,特别是正规的西餐宴会,其菜序很复杂。一般来说,一顿完整的西餐正餐由8道菜肴组成,进餐需1~2小时。下面先讲正餐的菜序。

商务西餐宴请(2)

(1) 开胃菜。开胃菜即用来为进餐者开胃的菜,也叫头盆、前菜,一般是由蔬菜、海鲜、肉食组成的拼盘。

(2) 面包。西餐正餐面包一般是切片面包。在吃面包时,可以根据个人口味涂上黄油、果酱或奶酪。

(3) 汤。西餐中的汤必不可少,其口感芬芳浓郁,具有极好的开胃作用。西餐的汤有白汤、红汤、清汤等多种。

(4) 主菜。主菜是西餐的核心内容,西餐里的主菜通常有冷有热,但大多数以热菜作为主角。在正式的西餐宴会上,一般上一个冷菜和两个热菜。在两个热菜中,有一个是鱼菜,由鱼或虾及蔬菜组成;另一个是肉菜,为西餐中的大菜,多用烤肉,配以蔬菜。

(5) 点心。吃过主菜后,一般要上一些蛋糕、饼干、吐司、馅饼、三明治等西式点心,还没有填饱肚子的人可借此来填满肚子。若已经吃饱,则可以不吃。

(6) 甜品。西餐中最常见的甜品有布丁、冰淇淋。甜品在正餐中被视为例菜。因此,就餐者应当尽可能品尝。

(7) 热饮。在用餐结束前,为用餐者提供热饮,一般为红茶或咖啡,以帮助消化。西餐热饮可以在餐桌上饮用,也可以换个地方,到休息室或者客厅去喝。

便餐的菜序:开胃菜、汤、主菜、甜品、咖啡。

小贴士 欧洲西餐厅礼仪

在西方,去餐厅吃饭一般都要事先预约。在预约时,有几点要特别注意。首先说明人数和时间,其次表明是否要吸烟区或视野良好的座位。如果是生日或其他特别的日子,就可以告知宴会的目的和预算。在预定时间到达是基本的礼貌,有急事要提前通知,取消订位一定要道歉。

不能随意穿休闲服去高档西餐厅吃饭。去高档西餐厅,男士要穿得整洁;女士要穿晚礼服或套装和有跟的鞋。女士妆容要稍重一些,因为餐厅内的光线较暗。如果指定穿正式服装,男士就必须打领带。进入餐厅时,男士应先开门,请女士进入,让其走在前面。入座、点酒都应请女士来品尝和决定。

【技能训练】模拟演练西餐厅的席次排列。

7.2.2 西餐餐具的摆放及使用

1. 西餐餐具的摆放

西餐餐具主要有刀、叉、勺、盘、碟、杯等，吃不同的菜肴要用不同的刀叉，饮不同的酒要用不同的酒杯。

餐具的摆放方法：正面放汤盘，左边放叉，右边放刀，汤勺也放在汤盘的右边，汤盘上方放吃甜食用的勺和叉、咖啡勺，再往前略靠右放酒杯；餐巾放在汤盘上或插在水杯里；面包盘放在左边，黄油刀横摆在盘里，刀刃向着自己。

在西餐中，通常会在靠近右手边放三四个杯子，呈45°角摆放。右下角最靠近右手的是起泡酒杯，高而瘦的杯形方便大家观赏气泡上升的样子。稍稍远一些的第二个杯子，是喝白葡萄酒的，它不同于起泡酒杯，是我们常见的形状。再远一些的第三个杯子是红葡萄酒杯，它形状类似白葡萄酒杯（具体形状也不是绝对的，取决于主人的爱好），但稍高大一些。离右手最远的杯子是水杯，也是最高最大的杯子，用来在换酒、换菜时饮水漱口，可以帮助你更好地品尝酒菜的滋味。

商务西餐宴请（3）

正餐的刀叉数目要和菜的道数相等，按上菜顺序由外到里排列，刀刃向内，用餐时按顺序由外向中间排着用，依次是吃开胃菜用的、吃鱼用的、吃肉用的。在比较正式的宴会中，餐巾摆在左右，通常从外往里用。摆在盘子上的叉、勺是用来吃甜点的，最后使用。叉、勺的顺序是主人按照上菜顺序调过的，一道菜使用一对就不会出错。注意，不要拿餐巾擦鼻子或脸。

西餐餐具摆放位置如图7-2所示。

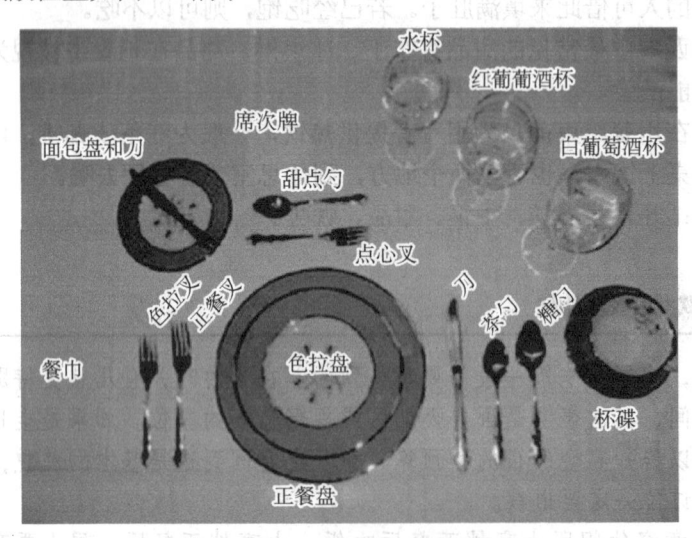

图7-2 西餐餐具摆放位置

2. 西餐餐具的使用

刀叉是人们对餐刀、餐叉的统称，两者既可以配合使用，也可以单独使用。在正式的西餐宴会上，讲究吃一道菜换一副刀叉，每道菜都要用专门的刀叉，刀叉不能乱用，也不能从头到尾只用一副刀叉。

叉子通常是四齿的，而吃海鲜的叉子是三齿的，且微微向上翘起。鱼肉易碎，如果连特制的叉子也无法将其盛起，就用餐勺帮忙。鱼吃完一面后不要翻，将骨头剔除，再吃剩下的。

吃肉时，放松肩膀，用叉子把肉叉到底，刀紧贴着叉背切下去，肉要从左边切起。切好后，用叉子叉起肉块，用刀扶好送入口中。肉的大小以一口吃下为宜，将肉送入口中后，把刀子放下，刀刃朝向自己。

刀叉的左右手使用有英式和美式两种做法。英式的使用方法要求就餐者在使用刀叉时，始终右手持刀，左手持叉，一边切割一边叉着进食。美式的具体做法是右刀左叉，一鼓作气将要吃的食物切割好，再把右手的餐刀斜放在餐盘前面，将左手的餐叉换到右手，最后右手持叉进食。

图 7-3 所示为用刀叉吃鱼。

图 7-3　用刀叉吃鱼

吃意大利面时，右手持叉，将面绕到叉子上时把叉子抵在碗或盘的内壁上，不要将面切断。吃面时不能直接用嘴吸，否则容易让汁水四溅。

在进餐期间，就餐者想离开一会儿，应放下手中的刀叉，刀刃向内，呈八字形摆放在餐盘之上。吃完一盘菜需要服务员收盘时，则刀叉并列摆放，刀叉柄朝着钟表 5 点钟方向。休息时和用餐完毕时的刀叉摆放位置如图 7-4 所示。

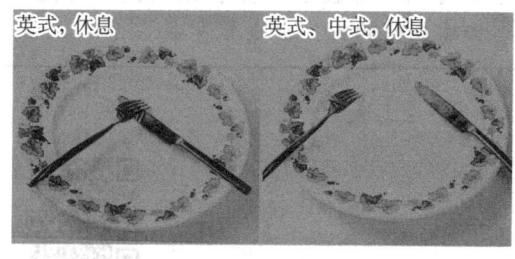

休息时　　　　　　　　　　　　　用餐完毕时

图 7-4　休息时和用餐完毕时的刀叉摆放位置

用餐勺取食，不要过满，一旦入口，就要一次用完，不要一点一点地吃。餐勺入口时，要前端入口，不要将其全部塞进口里；用完餐勺，不要将其放在原处，也不要将其插入菜肴中。

餐巾对服饰有保洁作用，防止菜肴、汤汁落下来弄脏衣服；用来擦拭口部，通常用其内侧，不能用其擦脸、擦汗、擦餐具；用来遮掩口部，或在需要剔牙或吐、擦口里的东西时，以免失态。餐巾有暗示作用，当女主人铺开餐巾时，暗示用餐开始；当女主人把餐巾放在桌上时，暗示用餐结束。就餐者中途离开座位，一会儿还回来继续用餐，可以将餐巾放在本人所在的椅子面上；如果放在桌面上，则暗示自己不再吃了，可以撤掉。

瓶装盐和胡椒，可以在每套餐具前面放一份，也可以在每两套餐具之间放一份，甚至只在餐桌中心位置放一份，这样大家就可以共用一份了。

> **小贴士**　西餐礼仪注意事项

（1）准时赴宴，不能迟到，也不要太早到。

（2）入席时，男士为身边的女士拉开椅子，在进餐时也要随时照顾女士。

（3）餐前需要铺餐巾，餐巾通常放在盘子上。将餐巾打开，对折（对角折成三角形或长方形），将有折痕一面朝向自己，铺在大腿上。餐毕离席，可将餐巾随意放在餐桌上。

（4）在交谈等菜时，手应当放在腿上，不可以将手肘放在餐桌上，更不可用手托头。

（5）切食物时，手肘、手腕都不要碰到餐桌，要呈悬空状态。在手握刀叉时，不可以端酒杯，更不可以用刀叉指向别人。

（6）喝汤时，不可端汤碗对嘴喝，要把汤勺举到与不低头情况下的嘴同高，将汤送入。

（7）用餐巾可以擦嘴，擦嘴时将餐巾的角卷在食指上，轻轻擦拭嘴角。如果是很严重的脏渍，就不要在餐桌上用餐巾擦了，要去洗手间清理。

（8）女性的口红容易印在玻璃杯上，在就餐期间只对着一个有唇印的地方喝。女性的包和手机放在背后、腿上或者旁边的空位上。

（9）召唤服务员时，以眼示意，或手轻轻挥摆，不要喊、弹手指。谈话时，无须将刀叉放下。若放下，会被理解为吃完那道菜了。

（10）用餐的时候，刀叉不小心掉到地上，可以示意服务生来处理并为你更换新的餐具。弯腰捡拾刀叉，不仅姿势不雅观，会影响身边的人，也会弄脏手。

【技能训练】练习使用西餐刀叉吃香蕉。

7.3　敬酒礼仪

子任务三：讨论自己家乡在敬酒上都有哪些讲究。

俗话说"无酒不成席"，敬酒是宴会必不可少的一个程序。作为礼仪

中餐餐桌礼仪
——敬酒礼仪

之邦，我国在敬酒、劝酒方面大有讲究。

7.3.1 敬酒

敬酒包括以下 5 个方面的内容。

1. 祝酒词

敬酒也就是祝酒，是指在正式宴会上，由男主人向来宾提议，因某个事由而饮酒。在饮酒时，通常要讲一些祝愿、祝福的话，甚至主人和主宾还要发表专门的祝酒词。祝酒词的内容越短越好。

2. 敬酒时间

敬酒可以随时在饮酒过程中进行。致正式祝酒词应在特定时间进行，不能因此影响来宾用餐。祝酒词适合在宾主入座后、在用餐前开始，也可以在吃过主菜后，在甜品上桌前进行。

3. 敬酒手势

在饮酒，特别是祝酒、敬酒时干杯，需要有人率先提议，提议者可以是主人、主宾，也可以是在场的其他人。提议干杯时，提议者应起身站立，右手端起酒杯，或者用右手拿起酒杯后，再以左手托着杯底，面带微笑，目视祝酒对象，同时说着祝福的话。

4. 敬酒仪态

有人提议干杯后，要手拿酒杯起身站立。即使滴酒不沾，也要拿起杯子。将酒杯举到与眼睛同高，说完"干杯"后，将酒一饮而尽或适量饮用。接着，手拿酒杯与提议者对视一下，这个过程就算结束了。在干杯前，可以象征性地和对方碰一下酒杯。碰杯的时候，应该让自己的酒杯低于对方的酒杯，表示对对方的尊敬。用酒杯杯底轻碰桌面，也可以用来表示和对方碰杯。当离对方比较远时，可以采用这种"碰杯"方式。如果主人亲自敬酒，就要回敬主人。

5. 敬酒顺序

在一般情况下，敬酒应以年龄大小、职位高低、宾主身份为先后顺序，要充分考虑敬酒的顺序，分清主次。主人敬主宾，陪客敬主宾，主宾回敬，陪客互敬。即使和不熟悉的人在一起喝酒，也要先打听一下对方的身份或留意别人对对方的称呼，避免出现尴尬的场景。如果有求于席上的某位客人，对其要加倍恭敬。如果在场有更高身份或年长的人，要先给对方敬酒，否则会使大家很难为情。记住，做客绝不能喧宾夺主，乱敬酒是很不礼貌的，也是很不尊重主人的。

如果因为生活习惯或健康等原因不适合饮酒，就可以委托亲友、下属、晚辈代喝或者以饮料、茶水代替。敬酒人应充分体谅对方，在对方请人代饮或用饮料代替酒时，不要非让对方喝酒不可，也不应该打破砂锅问到底。要知道，别人没主动说明原因就表示对方认为这是隐私。

> 小贴士　敬酒文化

我国人的好客在酒席上发挥得淋漓尽致。人与人的感情往往在敬酒时得到升华。在敬酒时，人们往往都想让对方多喝点酒，以表示自己尽到了主人之谊。客人喝得越多，主人越高兴，说明客人看得起自己。如果客人不喝酒，主人就会觉得有失面子。有人总结出敬酒的五种方式。

（1）文敬是传统酒德的体现，即有礼有节地劝客人饮酒。酒席开始，主人往往在讲上几句话后，便开始了第一次敬酒。这时，宾主都要起立，主人先将杯中的酒一饮而尽，并将空酒杯的杯口朝下，说明自己已经喝完，以示对客人的尊重。客人一般也要喝完。在席间，主人往往到各桌去敬酒。

（2）回敬是客人向主人敬酒。

（3）互敬是客人与客人之间敬酒。为了使对方多饮酒，敬酒者会找出种种必须喝酒的理由，若被敬酒者无法找出反驳的理由，就得喝酒。在双方寻找论据的同时，人与人的感情得到升华。

（4）代饮是既不失风度，又不使宾主扫兴的躲避敬酒的方式。本人不会饮酒，或饮酒太多，但主人或客人又非得敬酒表达敬意时，可以请人代饮。代饮的人一般与被代饮的人有特殊的关系。在婚礼上，男方和女方的伴郎和伴娘往往是代饮的首选人物，故其酒量必须大。

（5）罚酒是敬酒的一种独特方式。罚酒的理由五花八门，最为常见的是对迟到者"罚酒三杯"，有时带有开玩笑的性质。

【技能训练】在公司年终酒会上，作为一名刚刚入职的新人，你应怎样向领导敬酒？对这一情形进行小组模拟演练。

7.3.2　劝酒

饮酒时劝人多饮，这种做法的起源很早。《诗经·小雅·楚茨》中说："以为酒食，以享以祀，以妥以侑，以介景福。"侑，就是劝的意思。其本意是唯恐受享者没有吃饱，故而劝饮劝食。劝人多饮酒的做法，一方面表达了敬酒者的真诚，希望对方喝好，另一方面可以活跃气氛，为饮酒者助兴。

但是，不知从什么时候起，"劝"酒过头，竟然有"强迫"之意，有人甚至以灌醉对方为乐。这种做法自古以来就遭到不少人的反对。在《孔丛子》《积善录》《逊翁随笔》等古籍中，都有反对劝人强饮的表述。遗憾的是，逼人致醉的事至今仍时有发生，一些劝酒者根本不顾对方的酒量和身体健康，使劝酒成为一种必须戒除的陋习。

> 小贴士　拒绝他人劝酒的方法

拒绝他人劝酒通常有三种方法。

（1）主动要一些非酒类饮料，并说明自己不饮酒的原因。

（2）让对方在自己面前的杯子里少斟一些酒，然后轻轻以手推开酒瓶。按照礼节，杯子里的酒是可以不喝的。

（3）当敬酒者向自己的酒杯里斟酒时，用手轻轻敲击酒杯的边缘，这种做法的含义就是"我不喝酒，谢谢"。

7.4 自助餐礼仪

子任务四：讨论自助餐与其他宴会形式的不同之处，以及这些不同之处对宴会礼仪产生的影响。

7.4.1 自助餐形式

在商务交往中，自助餐是一种不错的聚餐选择。面对各式各样的珍馐美味，可以随便吃，随便坐，自助餐的确给了人们极大的自由空间。但是，作为一种交际活动，在满足个性的同时，自助餐也有自己的礼仪。如果场地太小或没有服务人员，要招待比较多的客人，自助餐就是最好的选择。例如，企业、机关要在大型活动之后安排宴会，自助餐肯定是最佳选择。

"自助餐"这个说法在我国比较普遍，在欧美国家一般叫冷餐，吃自助餐的聚会叫冷餐会。自助餐有一些特点，以鸡尾酒为主角的一般叫酒会。酒会是鸡尾酒会的简称，除提供几种鸡尾酒外，通常还会提供一点小吃。

自助餐还有一个变种叫茶会，在国外比较流行。所谓茶会，在欧美国家，实际上是一种女士的社交活动。西方国家的女士社交一般采用茶会形式。茶会在14—16点进行，设在客厅或者花园里。届时，大家坐在一起喝茶、聊天，在表面上谈谈狗、孩子、时装、消费，实际上是在彼此结识，进行交际。

除了酒会、茶会，国外还有一种自助餐的特殊变种——咖啡会，在表面上是大家坐在一起喝咖啡，实际上也是自助餐。

自助餐的自由度很高，参加者的沟通往往因此更加有效。

图7-5所示为一个奢华的自助餐厅。

图7-5 一个奢华的自助餐厅

7.4.2　自助餐基本礼仪

自助餐的基本特点是不排座次、不讲究上菜顺序，由大家在现场自由选取，这样大家吃东西时就比较放松。

自助餐的基本礼仪如下所述。

（1）取餐按照餐厅设定的方向顺序排队，不可逆向行进，更不可插队。

（2）取餐时应按西餐顺序，吃一道取一道。第一次取汤和面包、黄油；第二次取冷菜；第三次取热菜；第四次取甜点和水果；每次取适量的食物，以免食物洒出。如果前面有人，在取餐时就不妨耐心地等一会儿。取餐时不要离餐台太近，以免弄脏衣服。根据个人食量取菜，一次不可取太多，吃完一盘再去取用，避免在面前同时摆放多个盛满食物的餐盘。

（3）宴请或者聚餐，应等同桌所有人取完菜落座后，再一起开始用餐。

（4）再次取菜时，不使用已用过的餐具。

（5）不将所取的食物带出餐厅。

在吃自助餐之前，一定要在整体上观察一遍，了解自助餐的档次，以及哪个菜合自己的胃口。自助餐开始的时候，应该排队取用食品。取食物前，自己先拿一个放食物用的盘子。一定要坚持"少吃多跑"的原则，不要一次拿得太多。用完餐后，将餐具放到指定的地方。在餐厅里吃自助餐，一般是按就餐人数计价的，有些餐厅还规定了就餐时间，而且要求必须吃完自己拿的食物，如果没有吃完，就需要"购买"没吃完的食物。

图 7-6 所示为自助餐厅食物台。

图 7-6　自助餐厅食物台

小贴士　自助餐忌暴饮暴食

24 岁的小吴经常在网上搜集各种美食信息。他发现一家高档自助餐厅正在做活动，原价 198 元每位，现在半价即可。于是，小吴和同事下班后前往该餐厅。本着"吃回本"的心态，他在 2 小时内吃了 20 盘海鲜和肉食，最后还吃了 3 个冰淇淋才罢休。同事们封他为最强"吃货"。

当晚，回到家的小吴感到肚子胀气，频繁干哕。他不停走动，希望帮助消化，但腹痛越来越严重，最终感到呼吸困难。家人担心是食物中毒，将他送到附近的医院。

经抽血化验，医生发现小吴的血淀粉酶高达 1600 单位/升，高出正常值的 16 倍，腹部 CT 明显可见胰头水肿，表明胰脏已经开始出现腐蚀性炎症，就是急性胰腺炎。小吴被立刻抢救，幸无生命危险。

此后，小吴需要严格禁食，让消化系统逐渐恢复。他住院两周，治疗费花了2万多元。医生说，幸亏抢救及时，病情没有恶化，否则后果不堪设想。

医生说，在临床上，三成急性胰腺炎都是由暴饮暴食诱发的。这是因为大量进食高蛋白、高脂肪食物，刺激胰液大量分泌，消化酶被激活，但又流通不畅，倒流或集聚在胰腺内，把胰腺组织"自身消化溶解"，引发了炎症。另外，胰液还会因胰管压力增大渗漏到胰腺周围的组织中去，严重腐蚀周围的脏器组织，坏死的组织就会释放毒素，进一步损害胃肠道及肺、肾等脏器。有的重症胰腺炎患者会出现无尿的肾衰竭状况，最后多器官衰竭导致死亡。

医生提醒，吃撑不是好事，容易诱发很多危险；为占小便宜而胡吃海塞只会得不偿失，钱吃了亏，人也吃了亏。

【技能训练】学习布置简单的会议自助餐，并演练其中的礼仪细节。

实训演练

经过努力，你们团队终于签订了一项重要合同。为了表示庆祝，团队负责人邀请大家一起出去聚餐，作为新人，请你说一说就餐过程中需要注意的礼仪。

美育课堂

我国传统餐桌礼仪

我国自古以来以礼仪之邦著称，向来讲究以礼待人。在日常人际交往中，人们无不注重践行礼仪文化，尤其比较注重餐桌上的礼仪。每当逢年过节，人们都会邀请亲戚朋友到家中做客，而吃饭就是促进感情最好的媒介。于是，久而久之，在饭桌上就有了很多讲究，即"菜不摆三、筷不成五、席不成六"。

1. 菜不摆三

"菜不摆三"，意思就是宴请宾客吃饭，不要只上三盘菜，有以下三个原因。

（1）三道菜太少，有朋友来家里做客，吃饭的时候只上三道菜，看起来很寒酸，表现出主人小气，不尊重客人。

（2）古人祭祀的时候，一般以三牲来祭祖，大三牲包括牛、羊、猪，小三牲包括猪、鱼、鸡。如果招待客人只摆三盘菜，就会让客人感觉像是在祭祀，影响吃饭的心情。本来请客人吃饭是一件高兴的事，结果因为习俗而弄得对方心里不舒服，所以餐桌上不要摆三道菜。

（3）俗话讲好事成双，为图个良好的寓意，人们一般吃饭都是四道菜、六道菜、八道菜。"三"是单数，又与"散"谐音，似乎表示主人不欢迎客人，有种希望客人尽快离去的感觉，有违宴请客人的本意。

2. 筷不成五

"筷不成五",意思并不是说不能摆五双或者五支筷子,而是特指宴席中筷子不能长短不一,因为有"三长两短"之意。在古人眼中,虽然宾客有长幼尊卑之分,但同桌吃饭要统一标准,餐具、食物等一定要一样,否则会让客人感觉被区别对待,心生不满。此外,不能用筷子敲碗,因为只有乞丐会这么做。不能将筷子立着插进米饭中,因为在葬礼的时候这样祭奠逝者。不能拿着筷子指着别人,也不能用筷子搅动盘里的菜,因为这些行为都是对他人的不尊重。

3. 席不成六

"席不成六",意思是不要六人坐一桌吃饭,因为寓意不吉。古代宴请客人都是用八仙桌或圆桌,如果只有六人吃饭,从整体布局上看,就好像乌龟的头尾加四个爪子,极具讽刺意味,于是民间便有了"六人莫坐乌龟席"一说。随着社会的发展,"六"逐渐被人们当作一个吉利的数字,虽然有"席不成六"的说法,但已经不再被当作禁忌了。

任务八　商务馈赠

情景导入

温州初贝贸易有限公司是一家具有悠久历史的大型企业，即将召开成立10周年庆典大会，一方面借此增强公司的凝聚力，另一方面达到对外宣传的目的。负责庆典的张姐找到李冰，要求她负责公司小礼物的采购，在庆典当天将礼物赠送给来宾，以起到宣传的作用。李冰心想：应该买什么样的礼物呢？礼物价格高一点好，还是低一点好呢？

任务清单

任务书	
学习领域	商务馈赠
任务内容	国内馈赠礼仪 国际馈赠礼仪
知识点探索	1. 走亲访友的礼品馈赠和商务场合的礼品馈赠有怎样的区别？ 2. 国内礼品馈赠的时机如何选择？ 3. 在国内商务场合，哪些礼物适合作为礼品馈赠给客户？ 4. 国际商务场合的礼品馈赠有哪些注意事项？
任务总结	通过完成上述任务，你学到了哪些知识或技能？
实施人员	
任务点评	

> 知识链接

8.1 国内馈赠礼仪

子任务一： 小组讨论走亲访友的礼品馈赠和商务场合的礼品馈赠有何区别。

馈赠是人们在社交过程中通过赠送给交往对象一些礼物来表达对对方的"尊重、敬意""友谊、纪念""祝贺、感谢""慰问、哀悼"等情感与意愿的一种交际行为。早在春秋时期，我国就崇尚礼仪，几千年来已经形成一种文化。馈赠礼品是维持商业关系的一种历史悠久而贴切的方式。商务人员要特别注意的是，送礼与收礼之时要充分遵守相关礼仪规范，以礼行事，否则适得其反，失去馈赠的真实本意，以致伤人伤己。

（国内礼品馈赠礼仪）

8.1.1 礼品馈赠礼仪

得体的馈赠要考虑 6 个方面的问题：即送给谁（Who）、为什么送（Why）、送什么（What）、何时送（When）、在什么场合送（Where）、如何送（How），也就是要考虑馈赠对象、馈赠目的、馈赠内容、馈赠时机、馈赠场合、馈赠方式 6 个要素，简称馈赠 "5 个 W 1 个 H" 规则。

1. 馈赠对象

馈赠对象即馈赠客体，是礼品的接受者。馈赠礼品时要考虑馈赠对象的性别、年龄、职位、身份、性格、喜好、数量等因素。

（1）考虑彼此的关系现状，如亲缘关系、性别关系、友谊关系、文化习惯、偶发关系等。例如，对家贫者以实惠为佳；对富裕者以精巧为佳；对恋人、爱人、情人以纪念性为佳；对朋友以趣味性为佳；对老人以实用为佳；对孩子以启智新颖为佳；对外宾以特色为佳。

（2）考虑受赠对象的爱好。例如，给书法爱好者送文房四宝；给音乐爱好者送乐器。

（3）尊重对方的个人禁忌。在礼品选择的过程中，应详细了解受赠对象的个人禁忌，以免所选礼品触犯受赠对象的个人禁忌而适得其反。

2. 馈赠目的

馈赠目的即馈赠动机。任何馈赠都是有目的的，或为表达友谊，或为祝颂庆贺，或为酬宾谢客，或为慰问哀悼。馈赠动机应高尚，以表达情谊为宜。下面列举了一些常见的适宜礼品。

（1）公司庆典：鲜花。

（2）慰问病人：鲜花、营养品、书刊。

（3）朋友生日：卡片、蛋糕、鲜花。

（4）节日庆祝：健康食品、当地特产。

（5）旅游归来：纪念品、当地特产。

（6）走亲访友：水果、糖酒食品、特产。

3. 馈赠内容

馈赠内容即馈赠物，是情感的象征或媒介。

馈赠内容包括赠物和赠言两大类。赠物可以是一束鲜花、一张卡片或一件纪念品。赠言则有多种形式，如书面留言、口头赠言、临别赠言、毕业留言等。馈赠时应考虑赠物的种类、价值的大小、档次的高低、包装的式样、蕴含的情意等因素。

在礼物包装方面，正式的礼品都应精心包装。良好的包装将使礼品显得更加精致、郑重、典雅，给受赠者留下美好的印象。

（1）包装礼品时应注意包装的材料、容器、图案造型、商标、文字、色彩的选择和使用应符合相关政策法规和习俗惯例，不要触及或违反受赠方的宗教和民族禁忌。

（2）包装礼品时应根据受赠者的生活习俗及个人喜好，选择适宜的色彩。

图 8-1 所示为包装好的礼品。

图 8-1 包装好的礼品

4. 馈赠时机

馈赠时机即馈赠的具体时间和情势，主要根据馈赠主体与客体的关系和馈赠形式来把握。

（1）选择最佳时机。例如，亲友结婚、生子，交往对象乔迁、晋级、遭受挫折、生病住院、向对方表示感谢等，都是送礼的最佳时机。

（2）选择具体时间。一般来说，客人应在见面之初向主人送上礼品；主人应当在客人离去之时把礼品送给对方。另外，送礼还应考虑在对方方便之时，或选取某个特定时间给对方带来惊喜。

（3）控制送礼时限。送礼时间以简短为宜，只要向对方说明送礼的意图及相应的礼品解释后即可，不必过分强调。

（4）注意时间忌讳。不必每逢良机便送礼，致使礼多成灾。尽量不要选择对方不方便的时候送礼，如对方刚做完手术尚未痊愈之时就不宜立即送礼。

5. 馈赠场合

馈赠场合即馈赠的具体地点和环境，主要区分公务场合与私人场合，根据馈赠的内容和形式来选择适当的场合。主要馈赠内容和形式包括以下 8 种。

（1）表示谢意、敬意。

（2）祝贺庆典活动。

（3）公共关系礼品。

（4）祝贺开张、开业。

（5）适逢重大节日。

（6）探视住院病人。

（7）应邀去他人家中做客。

（8）遭遇不测。

6. 馈赠方式

馈赠方式主要有亲自赠送、托人转送、邮寄运送等。

在亲自赠送礼品时应注意以下3点。

（1）说明意图。在适当的时机和场合赠送礼品，在送礼前先向对方致以问候，简要并委婉地说明送礼的意图，如"祝你工作顺利""感谢你上次的帮助"等。

（2）介绍礼品。赠送礼品时，送礼者应对礼品的寓意、礼品的使用方法、礼品的特色等适当地进行解释。邮寄赠送或托人赠送礼品时，应附上一份礼笺，用规范、礼貌的语句解释送礼缘由。在当面赠送礼品时，应亲自道明送礼原因和礼品寓意，并附带说一些表示尊重和礼貌的吉言敬语。

（3）仪态大方。在面交礼品时，送礼者应着装规范，起身站立，面带微笑，目视对方，双手递交。将礼品交给对方后，与对方热情握手。

礼品的受赠者应注意以下4点礼仪。

（1）心态开放。接受礼品时，受赠者应保持客观、积极、开放、乐观的心态，要充分认识到对方赠礼行为的郑重和友善，不能心怀偏颇，轻易比较礼品的价值或做出对方有求于己的判断。

（2）仪态大方。收礼时，受赠者应落落大方，起身相迎，面带微笑，目视对方，耐心倾听，双手接受；收礼后与对方热情握手；不可畏畏缩缩，故作推辞，或表情冷漠，不屑一顾。

（3）收礼有方。按照国际惯例，收礼后一定要当面拆开包装，仔细欣赏，面带微笑，适当赞赏，切不可草率打开，丢到一旁，不理不睬。我国人比较含蓄，不习惯当面打开礼品包装，所以与国人交往时也可遵守这一传统习惯。另外，不可有礼必受，对于有违规送礼之嫌的，应果断或委婉拒绝。

（4）表示谢意。接受礼品时，应充分表达谢意，在表达时让对方觉得真诚、友好。若收到贵重礼品，则需要用打电话、发电子邮件等方式再次表达谢意，在必要时选择适当的时机还礼。

若要拒绝接受礼品，应保持礼貌、从容、自然、友好的态度，先向对方表达感激之情，再向对方详细说明拒收的原因，切不可生硬阻挡，以免对方难堪。

应拒绝收纳的礼品包括：

① 不熟悉的人送给你的极其昂贵的礼品；

② 隐含需要你做出违法乱纪行为的礼品；

③ 接受后会受到对方控制的礼品。

【技能训练】演练商务场合的礼品馈赠礼仪。

8.1.2　花卉赠送礼仪

送花是一种礼仪，更是一门艺术——不同的数量、颜色有不同的含义；针对不同的场合、对象需要精心设计所送的花卉。

1. 送花场合

不同的场合需要送不同的花卉，以表诚意。

（1）结婚场合适合送颜色鲜艳而富花语者，如玫瑰、百合、郁金香、香雪兰、非洲菊等，可增进浪漫的气氛，表示甜蜜。

（2）生育场合适合送色泽淡雅而富清香的花（不可浓香），表示温暖、清新、伟大。

（3）乔迁场合适合送稳重高贵的花木，如剑兰、玫瑰、盆栽、盆景等，表示隆重。

（4）生日场合适合送玫瑰、雏菊、兰花等，表示长久的祝福。

（5）探病场合适合送剑兰、玫瑰、兰花、水仙、马蹄莲，避免送白色、蓝色、黄色或香味过浓的花。

（6）丧事场合适合送白玫瑰、白莲花或素花，象征惋惜怀念之情。

（7）情人节适合送红玫瑰、郁金香。

（8）母亲节适合送康乃馨、百合花。

图 8-2 所示为礼品花卉。

图 8-2　礼品花卉

2. 送花注意事项

（1）在与花店沟通时，最好用白纸黑字写明，避免写错收花人的名字，即使对方知道不是你的错，仍会感到不舒服。

（2）给非亲密关系的人送花时，不要送红玫瑰之类有特殊含义、引人遐想的花。

> **小贴士　花语**
>
> 花语是指人们用花来表达人的语言，表达人的某种感情与愿望。花语是在一定的历史条件下逐渐约定俗成的，为一定范围人群公认的信息交流形式。不同种类的花卉有不同的花语。在未了解花语时就乱送别人鲜花，可能引来误会。下面列举一些常见花的花语。

（1）茉莉花：我会永远爱着你。
（2）虞美人：和我心爱的人生死相随。
（3）合欢花：夫妻永远恩爱。
（4）红色玫瑰：我真心爱你。
（5）粉色玫瑰：这是我的初恋。
（6）秋海棠，又叫相思红：寓意苦恋，表示安慰。
（7）百合花：圣洁、永远的爱，百年好合。
（8）非洲菊：丰富的人生。
（9）兰花：友谊之花。
（10）郁金香：亲密无间的友情。
（11）康乃馨：温馨、慈爱。
（12）菊花：长寿、高洁。

【技能训练】 小王的客户刚刚搬到新的办公楼，请为小王选择合适的花卉，以祝贺客户的乔迁之喜。

8.2 国际馈赠礼仪

子任务二：分析以下案例，讨论国际礼品馈赠基本原则。

国礼是维护国际关系的最佳物证，国礼的挑选标准非常严格，要投馈赠对象所好，送礼送得精准，也要避免过于贵重。在选国礼方面，周恩来总理是一位高手。他挑选的礼物是以传统文化为基础的物品，其工艺、气质都凝聚了古往今来的中国精神风采，成为新中国多次国际交往的见证，见证了中国的外交历程。

1954年4月，周总理一行人前往日内瓦参加会议。当时，中国代表团举办招待会，使用茅台酒宴请宾客。在会议期间，周总理还请大家观看戏剧电影《梁山伯与祝英台》，并把片名翻译为《中国的罗密欧与朱丽叶》，把苏州采芝斋的糖果作为国礼招待大家。回国后，周总理向党中央汇报说："在日内瓦会议上帮助我们成功的有'两台'，一台是茅台酒，另一台是戏剧《梁山伯与祝英台》。"

1954年，我国原子弹实验成功，欲与友好国家分享成功的喜悦，原子弹爆炸照片自然成为珍贵的外交礼物。周总理正是这一精妙创意的推动者和实践者。周总理把这套照片作为珍贵的外交礼物，直接或间接地送给印度尼西亚总统苏加诺、马里总统莫迪博·凯塔、阿尔巴尼亚领导人霍查、越南领导人胡志明、朝鲜领导人金日成。罗马尼亚领导人也收到过这套照片。这些国家都是当时与我国关系友好的国家。

礼尚往来是在国际上通行的社交活动形式之一，是向对方表达心意的物质表现。在外事活动中，为了向宾客或对方表示恭贺、感谢或慰问，常常需要赠送礼物，以增进双方友谊与合作。

与我国人送礼不同，国外送礼有其独特之处，有一些约定俗成的规则。例如，外国人在送礼及收礼时很少有谦卑之词。我国人在送礼时习惯说"礼不好，请笑纳"，但外国人认为这有遭贬之感；我国人习惯在收礼时说"受之有愧"等自谦语，但外国人认为这是无礼的行为，会使送礼者不愉快，甚至难堪。所以，当接受宾客与朋友的礼品时，绝大多数国家的人是用双手接过礼品，并向对方致谢。

礼品不必太贵重。将太贵重的礼物送人并不妥当，易引起"重礼之下，必有所求"的猜测。给外国人送礼，一般可送纪念品、鲜花或给对方的孩子买称心的小玩具。外国人送礼十分讲究包装。送礼一定要公开大方。把礼品不声不响地放在某个角落之后离开是不合适的。外国人大多数喜欢在收到礼品后立即打开，并说出感谢的话，以示对送礼者的尊重，送礼者不必介意对方是否真正喜欢。拒绝礼品一般是不允许的，若因故拒绝，态度要委婉而坚决。

小贴士　　送礼小细节

（1）为避免几年选同样的礼物给同一个人的尴尬情况发生，最好每年送礼时做一下记录。

（2）千万不要把以前收到的礼物转送出去或丢掉，不要以为别人不知道，送礼者会留意你有没有用他所送的物品。

（3）切忌送一些会刺激别人的物品。

（4）不要打算以你的礼物来改变别人的品位和习惯。

（5）必须考虑接受礼物者的职位、年龄、性别等。

（6）即使自己比较富裕，对于一般朋友也不宜送贵重的礼品，送有纪念意义的礼物较好。例如，你送给朋友儿子的礼物价格高于他父母送他的礼物，这会引起他父母的不快，同时令礼物失去意义。

（7）除去价钱标牌及商店的包装袋。无论礼物是否名贵，最好都用包装纸包装起来，有时细微的地方更能显现出送礼者的心意。

（8）考虑礼品接受者在日常生活中能否使用你送的礼品。

【技能训练】调查世界各国在礼品馈赠中有哪些偏好。

小贴士　　受欢迎的中国礼品

给外国友人馈赠礼品要尽可能考虑收礼者的喜好，投其所好是赠送礼品最基本的原则。若不了解对方的喜好，稳妥的办法是选择具有民族特色的工艺品。在我国司空见惯的风筝、二胡、笛子、剪纸、筷子、图章、脸谱、书画、茶叶，一旦到了外国友人的手里，就往往备受青睐，身价倍增。礼不在重，而在于合适，送太贵重的礼品有时反而会使收礼者不安。

由于各国的习俗不同，馈赠礼品的种类和方式也有差异。

日本人将送礼看作向对方表示心意的物质体现。礼不在厚，赠送得当便会给对方留下深刻印象。送日本人礼品，文房四宝、名人字画、工艺品等最受欢迎，但字画尺寸不宜过大。对礼品的包装不能草率，哪怕一盒茶叶也要精心打理。日本人忌讳打蝴蝶结，这一点要特别注意。

【技能训练】 假设你将为美国客户送行,需要为他们准备具有当地特色的小礼物,你会选择什么样的礼物?

实训演练

中秋节即将来临,为了答谢长期合作的客户,公司准备采购一些礼品赠送给客户,并安排你负责采购,请你列出中秋礼品清单。

美育课堂

传统"礼尚往来"

关于带着礼物去见朋友的记载,最早可以追溯到先秦时期。

《仪礼》提到"士相见礼",士与士初次见面,一定要带着"贽",就是见面的礼物。如果主人辞谢,那么客人要说:"不以贽,不敢见尊者。"意思是说,不带着礼物,怎么敢来见自己尊敬的人呢?再看《仪礼》中关于"士昏礼""聘礼"等的记载,我们就会明白人们进行礼节性的会见,都是带着"贽"的。

古人喜欢用玉器作为礼物,《诗经·卫风·木瓜》中有几句大家非常熟悉的诗句:"投我以木瓜,报之以琼琚。匪报与,永以为好也。"

在孔子看来,玉具有许多与君子的道德追求完全吻合的品质。例如,玉色泽温润而有光洁,很像"仁";玉纹理缜密而又坚硬,好比"智";玉棱角分明而不伤人,有如"义";玉体悬垂之则下坠,像人谦卑有礼;玉发出的声音,开始时清扬远播,结束时戛然而止,如同为乐之法;瑕不掩瑜,瑜不掩瑕,有如"忠";外表的色彩一览无遗,恰如诚信。

古代君子喜欢佩玉,不是由于其有商品价值,而是"君子比德于玉"。

在平辈之间,礼是讲究对等的。《礼记·曲礼》说:"礼尚往来,来而不往,非礼也;往而不来,亦非礼也。"接受对方礼品而不回礼,有贪图对方财物之嫌。

我们通过读《仪礼》可以知道,士甲拜见士乙,带去的礼物是一只雉。改日,士乙回访士甲,带去的礼物也是一只雉,就是士甲先前带去的那只雉。士乙很明白,他没有无缘无故接受士甲馈赠的理由。古代的士有知识,讲情操,并非势利小人。如果彼此把钱财放在首位,为利而交,则利尽交散;只有为义而交,才有恒久的友谊。古人对于"还玉""还雉"礼节的设计非常高明,反映了中华传统的人文精神。

项目四　人际沟通的个人素养——商务沟通素养

学习目标

知识目标

了解语言沟通的方式；
掌握面对面、电话语言沟通的技巧；
掌握邮件沟通的技巧。

能力目标

与客户进行面对面和电话有效沟通；
根据沟通礼仪有效回答客户的问题；
撰写符合商务规则的电子邮件。

素养目标

培养学生的大国意识、欣赏中西文化不同的美；
培育文化精魂，筑牢文化自信。

知识结构

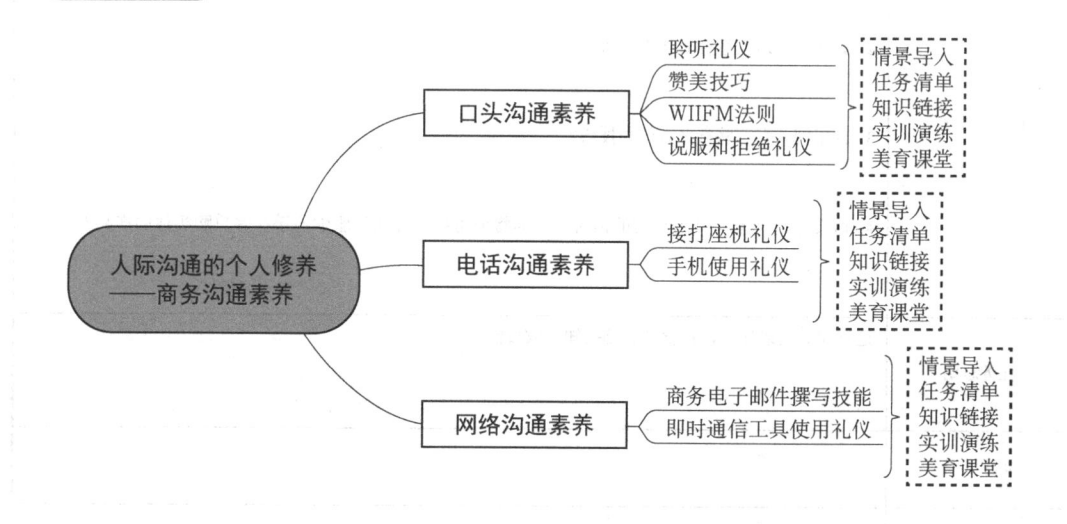

```
                              ┌── 聆听礼仪           ┌ 情景导入
                              │── 赞美技巧           │ 任务清单
              ┌── 口头沟通素养 ┤── WIIFM法则          ┤ 知识链接
              │               └── 说服和拒绝礼仪     │ 实训演练
              │                                      └ 美育课堂
              │
人际沟通的个人修养              ┌── 接打座机礼仪       ┌ 情景导入
——商务沟通素养 ┤── 电话沟通素养 ┤                      │ 任务清单
              │               └── 手机使用礼仪       ┤ 知识链接
              │                                      │ 实训演练
              │                                      └ 美育课堂
              │
              │               ┌── 商务电子邮件撰写技能 ┌ 情景导入
              └── 网络沟通素养 ┤                       │ 任务清单
                              └── 即时通信工具使用礼仪 ┤ 知识链接
                                                      │ 实训演练
                                                      └ 美育课堂
```

任务九　口头沟通素养

有效的口头沟通

情景导入

当人们开始步入新的环境时,往往会遇到许多没有明确答案的情况。在这种时候,你是否会通过沟通帮助你找到明确的答案呢?是不是和下面的新员工李冰第一天上班的情况有些类似?

"我坐到自己的位子,没有同事搭理我,也没有人和我说一句话。最后我问我的组长是谁,组长恰好不在。我和我旁边的女同事说,我是新来的,不知道该做什么。她很不耐烦地告诉我:在岗前培训中会有人告诉我的。我没有伙伴,全部任务都需要一个人完成。一个年轻的女领导还因为一点小事骂了我一顿。我觉得企业里好像谁都不友好,我真的想辞职了。一个企业怎么能够这样运行呢?"

任务清单

任务书	
学习领域	口头沟通素养
任务内容	聆听礼仪 赞美技巧 WIIFM 法则 说服和拒绝礼仪
知识点探索	1. 在口头沟通中,怎样聆听才算有效? 2. 如何有效地表达你对他人的欣赏? 3. 说服别人有哪些行之有效的技巧? 4. 假设你是一家文具用品店的销售员,你将使用哪些方法说服你的潜在客户购买你的产品?
任务总结	通过完成上述任务,你学到了哪些知识或技能?
实施人员	
任务点评	

> 知识链接

9.1 聆听礼仪

子任务一：讨论在口头沟通中，如何才能有效地聆听。

在内心深处，每个人都有一种渴望得到别人尊重的愿望。聆听是一种技巧，一种修养，甚至是一门艺术。学会聆听应该成为每个渴望事业有成者的一种责任，一种职业自觉。在沟通的四大媒介——听、说、读、写——中，花费时间最多的是听别人说话。据统计，人们在工作中每天有70%以上的时间花在各种形式的沟通上，而用于沟通的时间有45%是用来聆听的。绝大多数人天生就有听力，但听懂别人说话的能力是需要后天学习才会具备的。

9.1.1 聆听的意义

语言交流是人类互相交换信息最基本的方式，聆听则是获取对方信息最基础和最重要的方式，所以聆听是沟通的前提和必要保障。聆听让你了解别人，了解合作者的性格与特长，从而做到各尽其才；聆听更能让管理者了解员工的才能，从而做到善用其才。因此，聆听能够让人与人之间形成良好的沟通习惯，能够有效促进合作效率的提高。通过聆听可以实现以下目标。

（1）获取重要信息；
（2）给予对方高度的尊重；
（3）激发对方的谈话欲望；
（4）掩盖自身的弱点；
（5）善听才能善言；
（6）可以获得信任和友谊。

> **小贴士** 聆听的层次

> 聆听是有层次之分的。
> 第一层是"听而不闻"：如同耳边风，完全没听进去。
> 第二层是"敷衍了事"："嗯……哦……好好……哎……"略有反应，其实心不在焉。
> 第三层是"选择性地听"：只听合自己意见或口味的，与自己意见相左的一概自动过滤掉。
> 第四层是"专注地听"：某些沟通技巧训练强调"主动式""回应式"聆听，以复述对方的话表示确实听到了，即使每句话都进入大脑，但是否能听出说者的本意、真意，仍是值得怀疑的。
> 第五层是"同理心聆听"：一般人聆听的目的是做出最贴切的反应，根本不是想了解对方，而同理心聆听的出发点是为了"了解"，而非为了"反应"，就是透过交流去了解别人的观念和感受。

【技能训练】

某国知名主持人林克莱特有一天访问一位小朋友，问他："你长大后想做什么呀？"小朋友天真地回答："嗯……我要当飞行员！"林克莱特问："如果有一天，你的飞机飞到太平洋上空时所有引擎都熄火了，你该怎么办？"小朋友想了想说："我会告诉坐在飞机上的人先系好安全带，然后挂上我的降落伞跳出去。"在场的观众笑得东倒西歪。林克莱特继续注视着小朋友，想着他是不是自作聪明的家伙。没想到，小朋友的两行热泪夺眶而出，这才使他发觉小朋友的悲悯之心是远非笔墨能形容的。于是，林克莱特问："为什么你要这么做？"小朋友的答案透露了其真挚的想法："我要去拿燃料，我还要回来！"

请讨论以下问题：

1. 为什么观众会笑得东倒西歪？
2. 如果林克莱特没有继续追问小朋友，结果会怎么样？
3. 这件事对我们与人沟通有何启示？

9.1.2 更有效地聆听

怎样聆听才能让沟通更顺畅、更高效呢？下面介绍了10种聆听技巧，希望对大家的人际交往有所帮助。

1. 鼓励对方先开口

首先，聆听是一种礼貌，愿意聆听别人说话表示乐于接受别人的观点和看法，这会让说话者有一种备受尊重的感觉，有助于建立和谐、融洽的人际关系。其次，鼓励对方先开口可以有效降低交谈中的竞争意味，因为聆听可以培养开放、融洽的沟通气氛，有助于双方友好地交换意见。最后，鼓励对方先开口说出他的看法，就有机会在表达自己的意见之前，掌握双方意见的一致之处，这样一来，就可以使对方更愿意接纳自己的意见，从而使沟通变得更和谐、更融洽。

2. 营造轻松、舒畅的氛围

聆听需要营造轻松、舒适的环境，这样说话者才能放松心情，把内心的真实想法、困扰、烦恼等毫无顾虑地说出来。因此，在与人交谈时，最好选择一个安静的场所，不要有噪声干扰。如果有必要，就最好将手机关掉，以免干扰谈话。

3. 控制好自己的情绪

交谈可能涉及一些与自身利益有关的问题，或者谈到一些能引起双方共鸣的话题。这时要切记，对方才是交谈的主角，即使你有不同观点或很强烈的情绪体验，也不要随便表达出来，更不要与对方发生争执，否则会引入很多无关的细节，从而冲淡交谈的真正主题或导致交谈中断。

4. 懂得与对方共鸣

有效聆听还要做到设身处地，即站在说话者的立场和角度看问题。要努力领会对方所说的题中之义和言辞所要传达的情绪与感受。有时候，说话者不一定会直接把真实情感告诉我们，这就需要从对方的说话内容、语调或肢体语言中获得线索。如果无法准确判断对方的情感，就可以直接问："你感觉如何？"询问对方的情感体验不但可以更明确地把握对方的情绪，而且容易引发更多的相关话题，避免冷场。在真正了解对方的情绪后，应该对对方给予肯定和认同，说"那的确很让人生气""真是太不应该了"等，让对方感觉我们能够体会他的感受并与他产生共鸣。

5. 善于引导对方

在交谈过程中，可以说一些简短的鼓励性话语，如"哦""嗯""我明白了"等，以向对方表示我们正在专注地听他说话，并鼓励他继续说下去。当谈话出现冷场时，也可以通过适当的提问引导对方说下去。例如，"你对此有什么感觉？""后来又发生了什么？"

6. 与对方保持视线接触

在聆听时，应该注视对方的眼睛。在通常情况下，对方判断我们是否在认真聆听，是根据我们是否看着他做出判断的。如果在对方说话时我们的眼睛盯着别处，对方就会认为我们对他的话不感兴趣，从而失去谈话的积极性。

7. 给予对方真诚的赞美

对于对方说出的精辟见解、有意义的陈述，或有价值的信息，要及时给予真诚的赞美。例如，"你说的这个故事真棒""你这个想法真好""你的想法真有见地"，这种良好的回应可以有效地激发对方的谈话兴致。

8. 适时提出疑问

虽然打断别人谈话是一种很不礼貌的行为，但"乒乓效应"是例外。所谓"乒乓效应"，是指在聆听过程中要适时地提出一些切中要害的问题或发表一些意见和看法，来响应对方的谈话。此外，如果有没听清或不懂的地方，就要在对方谈话暂告一段落时，简短地提出自己的疑问。

9. 恰当运用肢体语言

在与人交谈时，即便还没有开口，我们内心的真实情绪和感觉就已经通过肢体语言清楚地展现在对方眼前了。如果在聆听时态度比较冷淡，对方就会特别注意自己的每句话，不容易敞开心扉。反之，如果聆听时态度开放、充满热情，对对方的谈话内容很感兴趣，对方就会备受鼓舞，谈兴大发。激发对方谈兴的肢体语言主要包括自然微笑、不要双臂交叉抱于前胸、不要把手放在脸上、身体略微前倾、时常看对方的眼睛、微微点头等。

10. 暗中回顾，整理出重点，并提出自己的结论

聆听别人谈话时，通常会有几秒钟的时间，可以在心里回顾一下对方的谈话内容，分析总结出其中的重点。在聆听过程中，只有删除那些无关紧要的细节，把注意力集中在对方所说内容的重点上，并且在心中牢记这些重点，才能在适当的时机给予对方清晰的反馈，以确认自己理解的意思和对方想要表达的一致。例如，"你的意思是……吗？""如果我没理解错的话，你的意思是……对吗？"

> 小贴士　　有效聆听的障碍

聆听很重要，但很多人并不能完全做到有效聆听。有一项研究发现，普通听众在 10 分钟的演讲结束后，只能回忆起大约 50%的内容，而过了 48 小时以后，大约只能回忆起 25%的内容。

虽然不会聆听的问题普遍存在，但大多数职场中的沟通者并不认为自己缺乏这样的技能。有一项调查曾要求下属评价领导的聆听能力，结果一半以上的人选择"差"，而同时，他们的领导对自己聆听能力的评价有 94%的人选择"好"或"很好"。通过一系列研究，人们总结了以下导致聆听失灵的原因。

1．听力障碍

有些人存在听力上的缺陷，如听觉辨识差、听觉次序颠倒或听觉记忆差等，这些困难导致的问题从表面上看是没有聆听或者心不在焉的结果，但事实上是生理限制引起的问题，并非听者有意为之。

2．思考速度

据调查，人们聆听时处理信息的速度大约是每分钟 500 个单词，而大多数人的讲话速度一般为每分钟 125 个单词。这其中的差距使人们在聆听时有时间进行思考。聆听者可以利用这个时间差好好思考说话人的意思，但并非每个人都是这样做的，许多人在这个空当里走神，想着自己还未完成的工作或者想到浪漫的爱情。有效聆听就取决于能否将耳朵不工作的时间利用起来，让大脑接收的速度和耳朵接收的速度同步，从而充分地了解对方每句话的意思。

3．环境障碍

有些障碍并非来自听者本身，而是外部环境的问题，这类障碍不能完全被消除，但可以降低其影响。例如，不透气的房间、不舒服的椅子、周围有嘈杂的谈话声等，这些都是让聆听变得困难的干扰因素。

4．沟通渠道

当沟通双方不是面对面交流时，聆听可能产生问题。例如，双方通过电话交谈就不可能像当面交谈那样听得清楚。

5．信息超载

每隔几分钟就有电话，不断有人跑来告诉你一些事，你的同事交给你财务报表，你的计算机不停地响起提示音……在这样的情况下，你恐怕很难仔细地聆听每条信息。所以，当大堆信息蜂拥而至时，人们很容易手忙脚乱，毕竟普通人只能在一段时间内同时处理有限的几件事。

6．态度隔阂及错误假设

在沟通中，个人态度上的限制及错误假设，会给有效聆听造成很大的障碍。例如，聆听者对对方存在一定程度的偏见，就无法完全投入地聆听。

7．思想干扰

公事和私事都可能让人难以将注意力集中在手头的工作上。即使目前的谈话很重要，其他没完成的工作也可能分散你的注意力。例如，想到自己需要打个电话给某位生气的客户，想到老板要询问你工作拖延的原因，或者想到要去拜访供应商，这些都会影响有效聆听。

8．自我中心思想

在聆听中的一种情况是自我中心思想，人们常会自然地认为自己的观点比别人的更重要、更有价值。这种思想不仅封锁了人们获取新信息的来源，而且会疏远原本希望合作的人。虽然适当地自我推销对于事业发展有一定的帮助，但如果以贬低他人的意见来宣扬自己的想法，最终的结果只会适得其反。

另一种情况是聆听者并没有听懂对方的意思，如果要求对方重新讲一遍，就会显得自己很无知。于是，即使自己没有听懂，也不向对方请教，而是装作听懂。事实上，如果在理解上有问题，正确的做法就是向说话人询问，这样才会避免误解。

9．假设聆听是被动的

有人错误地认为，聆听基本上就只是一个被动行为。听者似乎就像海绵，只需吸收发送人发送的信息就可以了。实际上，聆听是一项很辛苦的工作。在聆听的过程中，听者有时也需要说话，需要问问题，需要表达自己的见解，以确信自己已经明白了对方的意思。在聆听时，即使保持沉默，也不代表被动接受。

10．假设说优于听

从表面看来，说话者似乎是沟通过程的控制者，而听者只是跟随者。因此，在职场中，聆听似乎总和"软弱""被动""缺乏权威"等形容词联系在一起。说话者更容易引起别人的注意，所以很多人想当然地认为"说"便是通向成功的捷径。但是，有经验的商务人士都知道，"听"同样重要。聆听是一种非常重要的沟通方式，只有能让人愿意并且快乐地说出自己的观点，才能更好地赢得别人的信任。

11．地域文化差别

很多聆听问题是由于双方沟通风格不同而造成的，这种差别可能是由文化背景造成的。处于不同文化背景的人们在沟通时最明显的区别便是口音，这会成为对沟通者心理上的干扰，从而影响他们对另一方所说内容的理解。例如，西方某些国家的商人更注重时间的价值。有这种观点的沟通者通常将聆听视为浪费时间，因为花费时间听另一个人说话并不能带来立竿见影的好处。当和亚洲人交流的时候，他们会觉得非常艰难。这是因为大多数时间花在闲谈和喝茶上，而不是坐下来谈正事。但是，这样的时间其实对双方关系是非常重要的。

此外，文化还会影响人们对待聆听时沉默的态度。西方人对长久的沉默感到不舒服，总想说点什么打破沉默；相反，印第安人、日本人将沉默看作沟通中重要的部分。西方商人会对亚洲人在谈话中的沉默感觉不舒服，并且努力尝试填满谈话中的间隙。实际上，这对亚洲人来说是非常正常的。同样，亚洲人要和美国人成功交流，也需要更多的时间。

12．性别差异

男性和女性在聆听方式上有很大的差别，这可能造成严重的沟通误解。了解男性与女性在聆听上的区别能帮助我们更好地沟通并且理解对方。

（1）女性更注重聆听关系型的信息，而男性偏重于聆听信息中的表层内容。正因为两者听的目的不同，所以经常发生双方都无法获取重要信息的情况。例如，客户向程序员询问某个软件是否有用，程序员回答："当然有用。"如果客户是男性，那他注

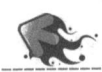

重的是回答内容。如果客户是女性,她就可能根据程序员的语音和语调,听出他的回答中带有犹豫为难的情绪。结果,两位客户对于程序员的相同回答产生了不同的理解。

(2)男性和女性对于一些语气词(如"嗯""啊哈"等)的理解不同。有研究发现,男性和女性对于一些语气词的解释是不同的。女性在说这些词的时候可能只是表示自己正在专心地聆听,而男性会认为这表示对方对于自己说话的认同。因此,在和异性交流时,如果不确定对方的语气词想表达什么意思,最好询问一下,以免发生误会。例如,男士可以礼貌地问女士:"你好像对我所说的很感兴趣,你是否同意从刚说到的那一点开始讨论呢?"

13. 缺乏训练

聆听似乎是一种天生的能力,如同呼吸一样。但是,尽管几乎每个人都能听,但并不代表每个人都能有效聆听。克莱斯勒公司的前任主席认为,员工有必要进行规范的聆听培训,只有这样才能成为更好的听众。他说:"我希望能有一个好的培训机构教会人们如何有效聆听。对于一位优秀的管理者来说,听和说一样重要。但很多人往往没有意识到真正的沟通是建立在听和说两方面的。在激励员工之前,必须很好地聆听他们的想法,这正是优秀公司比平庸公司多走的一步。作为一名管理人员,我最乐意看到的是,公司里大家认为最一般的员工或者最优秀的员工都能够因为别人愿意聆听他们的问题并帮助他们解决问题而真正发挥自己的作用。"

【技能训练】两位小组成员表演一个对话,在表演完成后,其他成员回忆对话中的主要内容,并讨论在聆听时为什么无法完全做到有效聆听。

9.2 赞美技巧

子任务二:小组讨论如何有效表达对他人的欣赏。

恰当地表达对他人真诚的赞美往往能获得令人惊喜的效果,以下技巧可以充分挖掘出欣赏和赞美的魔力,取得想要的结果。

1. 赞美要及时

做出积极反馈的时间越短,反馈的价值就越大。

2. 赞美的内容要具体

人们喜欢所有真诚的赞美,如果能把赞美的内容表达得更具体一些,对方就会更清楚自己应该在哪些好的方面继续保持。表 9-1 所示为宽泛的赞美与具体的赞美。

表 9-1 宽泛的赞美与具体的赞美

宽泛的赞美	具体的赞美
你在处理客户的投诉方面做得很好	当那位客户前来投诉时,你表现得很冷静
谢谢你近来给我的支持	谢谢你在我生病期间还能灵活地配合我的时间
你最近的工作状态非常好	你这个月的每项工作几乎都是在头两天就完成了

当然,赞美的内容要具体,并不是要否定宽泛的赞美,有时两者结合能取得最佳的效

果。首先整体赞美，然后加上具体内容，这样能让对方更加明白你欣赏的是他在哪方面的努力。

3. 赞美取得的进步，而不是追求完美

你可能犹豫某人是否值得赞美，如果只注重他的表现是否优异，你就无法得到答案，但只要对方付出了努力，就值得赞美。例如，"这份报告清楚多了，尤其新加入的详细预算清单很好地解释了钱应该花在哪些方面，我想如果计划表也能增加类似的详细内容，那样肯定会更加清楚。"

4. 间歇赞美

太多的赞美犹如太多的食品或者成堆的笑话，反而会让对方感到不舒服，而长时间连续赞美，反而会让对方认为你不真诚，所以赞美应该适可而止，不能过多，否则效果将大打折扣。

5. 传播赞美

如果你相信真诚的赞美确实能增进双方的关系，就等到有恰当的人出现时传播你的赞美。这样一来，你能得到被赞美者长久的感谢，又能表示你对团队精神的领悟，还能向他人传递有价值的信息。赞美别人或许需要花费一定的时间，但确实能令每个人受益。你还可以成为传播赞美的人，把听到别人对某人的赞美告诉他，被赞美者必定会更愿意继续被别人肯定的行为，并且对于赞美他们的人及传递好消息的你都会有更好的印象。

6. 真诚地赞美

不真诚地赞美比不赞美还要糟糕，因为它会让别人怀疑你之前的赞美，还会让对方觉得你没有看到他真正值得赞美的地方。

当在考虑如何赞美他人的时候，同样应该注意影响接受赞美的人和传递赞美的人的文化背景。在集体主义文化背景中，被单独赞美是很尴尬的，特别是在其他人面前。在这种情况下，宽泛地赞美众人比强调个人要明智得多。

【技能训练】耐心观察身边的人，找到他们值得赞美的地方，然后在合适的时机走到他们面前，真诚地赞美他们。你可以有选择性地进行这个练习。例如，每周在职场中赞美两个不同的对象，也可以每周赞美一次家人。

9.3 WIIFM 法则

子任务三：小组讨论在说服别人时，换位思考的重要性。

WIIFM（What's In It For Me）法则，即"我能从中得到什么好处"，使听众了解如何从提议中获利。WIIFM 法则强调的是换位思考，从对方的角度说服对方。例如，当项目经理提出一个想法时，他必须告诉公司，这种管理技术如何为客户带来方便，改善公司的盈利状况，使公司变得更好。如果你的提案把重点放在降低成本或者增加收入或者两者兼顾上，你就不会出错。

不仅仅要了解听众的个人资料，更应该问一些开放性的问题，以便找到以下答案。

(1)他们背后的驱动力是什么？
(2)他们喜欢什么？
(3)他们需要什么？
(4)什么方法和措施能够解决他们的问题或困境？
(5)你们的共同目标是什么？

在构建 WIIFM 时，需要记住，听众的同质化程度越高，构建 WIIFM 越容易。你可以为特定的人创建特定的 WIIFM。听众越分散，WIIFM 越宽泛。有了 WIIFM 之后，下一步就只是使你的听众开始聆听。

【技能训练】用 WIIFM 法则换位思考的方式将以下句子换一种说法。

例如，将"今天下午会把你们 9 月 21 日的订货装船发运"改为"你们订购的两集装箱服装将于今天下午装船，预计在 9 月 30 日抵达贵处"。

(1)我们很高兴授予你 5000 元的信用额度。
(2)我们为所有的员工提供健康保险。
(3)你在发表任何以该机构工作经历为背景的文章时，都必须得到主任的同意。

参考答案：
(1)恭喜您！您在我行的银行卡有 5000 元的信用额度。
(2)作为公司的一员，你会享受健康保险。
(3)本机构的工作人员在发表任何以工作经历为背景的文章时，都必须得到主任的同意。

9.4 说服和拒绝礼仪

子任务四：小组讨论，假设你是一家文具用品店的销售员，应使用哪些方法说服潜在客户购买你的产品。

9.4.1 说服的艺术

说服别人的过程实际上是促使对方放弃原有的打算和意见，认同自己的观点，从而实现思想与行动大转折的过程。在说服别人时，应特别注意语言表达的艺术性和技巧性，真正让对方心悦诚服。

1. 知己知彼，洞悉对方

洞悉对方的心思和意图是说服的第一步。"知己知彼，百战不殆。"想说服对方，就得先了解对方的性格、爱好、目前的需求等，然后在此基础上思考对策，选择恰当的表达内容和表达方式，达到自己的目的。

某师范学校语文组急需聘请一位语文教师，有三位中文系的大学生前来应聘，并决定第二天面试。其中两位学生早早就休息了。剩下的一位女生却找到一位语文教师打听情况："请问老师，语文组一般设有哪些课程？"语文教师告诉她，语文组设有语音、语法修辞、文选三门课，现在急需语音教师。第二天面试时，校领导请三位学生自报特长。一位说他对古典文学很感兴趣，另一位说他对现代文学很感兴趣，那位女生则操着一口流利的普通话说："我喜欢现代汉语，尤其语音部分。我希望能够为推广普通话尽自己的一份力。"结果校领导几乎一致通过录取了这位女生。

2. 先行自在，攻心为上

说服别人的基本要点之一，就是在心理或感情上巧妙地诱导对方。

当你有求于对方时，一开口就说"我这可能是无理的要求"，或者说"我这个忙可能不太好帮，会令你为难"等。这样一来，对方就不太注意你求助的迫切心情，反而觉得如果不帮忙，就会显得自己太无能或害怕困难。

某精密机械厂生产某项新产品，将其部分零件委托一个小厂制造。当小厂将零件的半成品呈示精密机械厂时，被发现全部不合要求。精密机械厂要求小厂尽快重新生产，但小厂负责人认为自己是完全按照精密机械厂的规格制造的，不想返工。精密机械厂厂长见此情景，问明原因后，对小厂负责人说："我想这件事完全是由于公司方面设计不周所致的，而且让你们吃了亏，实在抱歉。幸好有你们帮忙，让我们发现有这样的缺点。只是事到如今，任务总是要完成的，你们不妨生产得更好一点，这样对你我都是有好处的。"那位小厂负责人听完，欣然应允。

3. 以退为进，以让求取

有一位中学教师接管了一个后进班班主任的工作，正好赶上学校安排各班学生参加打扫操场的劳动。但是，这个班的学生躲在阴凉处，谁都不肯干活，教师怎么说也不起作用。后来，他想到以退为进的办法，对学生们说："我知道你们不是怕干活，而是都很怕热吧？"学生们谁也不愿说自己是懒虫，便七嘴八舌地说，确实因为天气太热了。教师说："既然如此，我们就等太阳下山后再干活，现在可以先痛快地玩一玩。"学生一听就高兴了。在说说笑笑中，学生接受了教师的要求，不等太阳落山就愉快地开始劳动了。

4. 反面激将，触发自尊

自尊是尊重自己，不允许别人歧视、侮辱的一种心理。所谓反面激将，就是故意将正话反说，以激起对方的胜利欲，巧妙达到说服对方的目的。在日常生活中，我们不难发现这样的情形，你认为任务艰难，他偏说困难不大；你暗示他干不了，他非要说自己能胜任；你说想另选能人，他却认为你瞧不起他而毅然自荐。这都是维护自尊心的心理动因在起作用。所以，对那些自尊心较强的人，可以巧妙地利用这一点，运用反面激将，使之做出自己需要的选择。

5. 引证权威，促成从众

从众心理和对权威的崇拜心理是普遍存在的。从众心理就是随大流的心理，凡事想跟他人步调、节奏一致，想过他人向往的生活，不愿落在潮流之后。正是由于这种心理的存在，人们在受到这类刺激后就很容易变得没主见，那种不顾自身财力、精力而豁出去做的念头，就很容易乘虚而入，支配人们的行为，促使人们盲目做出与他人举动相同的举动。所以，推销员经常会搬出"大家都在用这个商品"之类的话，促使人们毫不犹豫地接受。对权威的崇拜心理就是人们会比较盲目地相信外部权威的观点，而不加以理性思考。所以，在说服对方的过程中，找一个对方充分相信的第三方权威意见做补充，无疑能大大增强说服内容的客观性和真实性。

6. 善意威胁，陈明利害

利用善意的威胁可以使对方产生恐惧情绪，从而达到说服目的。注意，运用此法劝说别人并不是真的威胁，而是使对方明白利害关系，产生恐惧感，以增强劝说的效力。威胁只是手段，而不是目的，应该将重点放在对可怕后果的说明上，这样才能起到说服作用。

7. 消除防范，以情感化

一般来说，在与要说服的对象较量时，彼此都会产生防范心理，尤其在危急关头。这时候，要想成功说服对方，就要消除对方的防范心理。防范心理是当人们把对方当作假想敌时的一种自卫心理。消除防范心理最有效的办法就是反复暗示，表明自己是朋友，而不是敌人。这种暗示可以用多种方法进行，如嘘寒问暖、给予关心、表示愿意提供帮助等。

8. 舍我其谁，明确肯定

在与生性犹豫的人沟通时，经常需要提出自己的意见，甚至替对方做决定，此时明确地说出答案是说服对方的手段。当别人犹豫这样好还是那样好的时候，你对他肯定地说："你的选择只有一个。"这样一来，对方就会豁然开朗，并认同你的说法。

9. 设身处地，换位说理

在语言交谈中，人们一般都倾向于站在自己的立场上分析问题。但是，如果能够有意识地与对方换位，站在对方的立场上进行思考，帮助对方做出合情合理的分析，从心理上触动对方，使其认识到这样做对自己有利，往往具有良好的说服效果。

总之，说服别人的方法很多，关键在于洞悉对方的心理，以诚恳、温和的态度让对方建立起对自己的信任感，在此基础上晓之以理，动之以情，引之以得，就一定能达到说服对方的目的。

小贴士　说服领导的技巧

（1）选择恰当的提议时机。提议时机通常推荐在上午10点左右，领导此时可能刚刚处理完清晨的业务，有一种如释重负的感觉，同时正在进行当日的工作安排，适时以委婉的方式提出你的意见，比较容易引起对方的思考和重视。还有一个较好的时间段是在午休结束后的半小时，此时领导经过短暂的休息，有较好的体力和精力，比较容易听取别人的建议。总之，要选择领导时间充分、心情舒畅的时候提出建议。

（2）资讯及数据都极具说服力。对改进工作的建议，如果只凭口讲，是没有太大说服力的。如果事先搜集整理好有关数据和资料，做成书面材料，借助视觉力量，就会增强说服力。

（3）设想领导质疑，事先准备答案。

（4）说话简明扼要，重点突出。

（5）面带微笑，充满自信。

（6）尊敬领导，勿伤领导的自尊。

【技能训练】说服技巧练习。

（1）当你与某人讲理时，对方恼羞成怒，并举起拳头威胁，你怎么说服他呢？

（2）几个朋友聚会大声聊天，夜深了，邻居都要休息，你怎么劝说这些正在兴头上的朋友回家呢？

（3）你怎么劝说一些孩子停止在禁火区玩火呢？

（4）领导让你去请一位专家来做专题报告，你如何请他大驾光临呢？

（5）某人不止一次向你复述同一件事或同一个笑话，而且讲一次要花很长时间。这次他又开始讲了，你如何说服他别讲了？

（6）某文工团的一位演员，在第一次登台演出时，由于缺乏经验而产生怯场心理，任别人怎么劝说都不上台。你若是领导，此时应该如何说服他上台呢？

（7）宿舍内有的学生在睡午觉，有一个学生却唱着歌走进来。你若在场，怎么劝他不要唱了？

（8）大家正在排队买火车票。这时，有一个人挤到窗口要插队买票，大家很不满意。你若在场，怎么说服他到后边排队买票？

9.4.2 拒绝的艺术

在语言交谈中，说服的对立面就是拒绝。对拒绝行为的双方来说，主动采取拒绝行为的人是站在有利于自己的立场上的，但如果拒绝者未采用合适的语言技巧，就容易造成对对方的伤害，引发怨恨和不满，从而导致人际关系破裂，甚至引起各种纠纷，陷自己于被动境地。

1. 诙谐幽默，侧面拒绝

运用诙谐幽默的语言，从侧面拒绝别人的要求，能使对方把因拒绝带来的不悦心情降低到最低程度。例如，在第二次世界大战后，为了纪念英国首相丘吉尔的卓越功勋，英国国会拟通过一项提案——在公园里塑造一尊大型的丘吉尔铜像。丘吉尔不愿搞个人崇拜，他说："我首先要感谢大家的好意，不过我怕鸟儿喜欢在我的铜像上拉屎。"听了这幽默委婉的谢绝，国会很快撤销了这个提案。

2. 先发制人，主动出去

在清楚对方可能对你提出什么要求，而你又无法答应时，可以先发制人，主动出击，使对方在你面前无法开口提出要求。例如，某单位司机小张在工作之余，开着公车带女友兜风，不料车在路上出了事。小张还想找单位领导，要求用公款修车。单位领导知道小张出事的原因后，当小张来找他时，他说："小张是个好同志，一向能按原则办事，我就是喜欢像你这样的人。"听了领导对自己的表扬，小张不好意思提出要求，把要说的话咽了回去。

3. 利用转折，友好拒绝

利用转折，友好拒绝，就是先认同对方的意见，再予以拒绝。这是世界上最古老的心理技巧，用起来十分奏效。对人的心理而言，说"是"总比说"不"要愉快得多。因此，为了友好地拒绝他人，在必要时先用肯定来获取对方的好感，再拒绝，如"我明白你的意思，也赞成你的看法，不过……"。先肯定对方，使对方觉得受到了尊重，即使再听到"不"字也不会太反感，相反，对方会觉得你理解他，富有同情心。如果一开始就说"不"，对方会

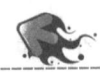

听不进去，反而力图说服你，而先说出"是"之后再说"不过"的话语，会打消对方说服的欲望。这是一种两全其美的办法，保证对方不会产生强烈的被否定的感觉，而你的拒绝之意也表达清楚了。

4. 借口托词，间接回绝

不去正面回绝对方提出的要求，而是找一些借口和托词来委婉应对，以达到拒绝的目的。例如，某单位职工找到车间主任，要求调换工种。车间主任心里明白调换不了，但他没有直接回答，而是说："这个问题涉及好几个人，我个人决定不了。我把你的要求带上去，让厂部讨论一下，过几天答复你，好吗？"这样的回答既让对方心理上能够接受，又让其明白调换工种不是简单的事，存在两种可能，使对方的思想有所准备，这比当场回绝的效果要好得多。

5. 含混模糊，委婉拒绝

对事物不讲得过于明白，而是避重就轻，避实就虚，用暗示的办法让对方明白自己拒绝的意图。这样的方法既避免了双方的尴尬，又达到回绝的目的。例如，推销员上门推销课桌椅，学校负责人不想要，于是对他说："谢谢你的好意推荐，只是我们一时还弄不清楚究竟什么样的桌椅更适合现代教学设备管理，有利于学生的身体健康。"

6. 身体语言，暗示拒绝

有时候开口拒绝对方并不是容易的事，肢体语言就可以派上用场。一般而言，摇头代表否定，别人一看你摇头，就会明白你的意思，之后也就不用再多说了。面对陌生的推销员，这是最好的办法。另外，微笑中断也是一种暗示。本来面带笑容，突然中断笑容，表示无法认同。类似的肢体语言还有采取身体倾斜的姿势、目光游移不定、频频看表、眉头紧锁、心不在焉等。但是，使用身体语言切忌伤了对方的自尊心。

以上几种拒绝方法的共同之处是既要回绝又要充分尊重对方，把对方的不悦和失望降低到最低限度。在交际中，满足对方的要求能保持双方的友谊；在无能为力时，拒绝同样能维护双方的友情，只要自己是真诚和善意的。

小贴士　工作太杂，应该学会拒绝，还是当作挑战

很多职场新人抱怨：做的都是杂活，没有专业成长，希望学习如何拒绝。我们的回答是，在学习如何拒绝之前，更应该思考该不该拒绝。

工作中的杂活是建立信任的必经之路，连杂活都做不好，有挑战的事就更不会交给你做。

1. 正向职场发展路径

（1）保质保量做好杂活，能力获得认可。

（2）价值观契合，工作状态稳定，回报潜力获得认可。

（3）给予一定挑战和风险的工作进行培养和投资。

（4）完成任务，总结经验，快速成长。

（5）保质保量做好高级杂活，能力获得认可。

（6）价值观契合，工作状态稳定，回报潜力获得认可。

（7）给予有更高挑战和风险的工作进行培养和投资。

（8）循环双赢。

2. 逆向职场发展路径

（1）拒绝做杂活，能力难以评估。

（2）拒绝做杂活，没人做杂活让领导很难做，回报潜力难以评估。

（3）不会给予有风险的工作，不会投入资源培养。

（4）纠结只有杂活可做和拒绝做杂活。

（5）没有职业发展前景，愤而跳槽。

无论是否公平合理，职业发展是自己的，人生也是自己的，取巧容易，守拙很难。

3. 从企业角度来看，企业不是学校

（1）生存比发展重要。对于企业来说，生存永远比发展重要，只有当生存不是问题的时候，才会考虑发展，即使考虑发展，也会评估贴现率。

（2）员工发展是手段，而不是目的。只有当企业预期员工发展能够带给企业更高的价值和利润的时候，员工发展在企业管理中才会有优先级。

（3）不重视员工发展并非出于无知。考虑到企业的平均寿命，多数中小企业不重视员工发展，其实非常理性。

（4）员工不会被一视同仁。即使重视员工发展的企业，因不同员工的投资回报率并不相同，也会将员工分类分级。

4. 从管理角度来看，工作分为例行工作和挑战工作

（1）例行工作。例如，资料搜集和整理、供应商联络、客户维护、计划执行。这类工作有三个特点：能力要求不高、难以通过学习成长、工作成果影响不大。

（2）挑战工作。例如，客户拓展和谈判、资料分析、计划制订、制度设计。这类工作有三个特点：能力要求较高、可以不断创新和突破、工作成果影响较大。

5. 从员工角度来看，学会换位思考

（1）能力不是说出来的，是从工作中展现出来的。员工常常聚焦在前两点上，觉得能力出色可以胜任，就应该给予挑战性的工作。事实上，能力从来都不是自己说出来的，而是在工作中展现出来的，只有展现出来的工作获得信任，公司才会愿意承担风险，把挑战性的任务交给你。

（2）员工培养是手段，不是目的。企业没有义务为员工的成长负责，只有展现投资价值的人才值得给予机会锻炼培养；企业并不崇尚公平，有限的资源和机会必然会给回报最高的人。

（资料来源：知乎问答，作者李石）

【技能训练】讨论在职场上如何拒绝同事，而又不伤感情。

实训演练

1. 小组模拟商务会议，演练有效聆听。

每组至少指定一名团队成员、一名项目经理和一名会议主持人。小组自主确定会议议题，由会议主持人负责引导讨论，提醒团队成员聆听并确保讨论顺利进行。最后总结有效聆听的经验和不足。

2. 运用弹幕派等小程序，请同学写下对他人的赞美之词并同步投屏展示。

3. 加班通知：为确保项目进度，本部门从即日起开始加班到晚上 10 点。请你运用 WIIFM 法则修改上述加班通知。

美育课堂

古人如何夸人有才

有才华的人，什么时候都会被人称赞，受人敬仰。不过，古人赞人有才的说法远比今人"你太有才了"要丰富多彩且文雅贴切得多。

1. 八斗之才

南朝宋诗人谢灵运曾言："天下有才一石，曹子建独占八斗，我得一斗，天下共分一斗。"曹植，字子建，生前封陈王，死后谥号思，故世称陈思王。他的文学才能为当时和后世所推重。所以，谢灵运在表达自负的同时，对曹植做了高度的评价。因此，后人称才学出众者为"才高八斗"或"八斗之才"。唐代李商隐在《可叹》诗中说："宓妃愁坐芝田馆，用尽陈王八斗才。"唐代徐夤在《献内翰杨侍郎》诗中说："欲言温署三缄口，闲赋宫词八斗才。"

2. 江郎之才

南朝文学家江淹年轻时才华横溢，是一位鼎鼎大名的文学家，诗文当时获极高评价，名篇《恨赋》《别赋》，美不胜收，传诵一时。可是，年纪渐渐大了以后，他的文章急速退步，诗也平淡无奇，文思枯竭，灵感尽消，一无可取，被人讥为"江郎才尽"。

3. 夺席才

《后汉书·戴凭传》记载，东汉光武帝刘秀喜欢谈"经"，在正月初一让能够谈经的群臣百官互相诘难，凡在经义辩驳中失败者，就将座位让给辩胜者。侍中戴凭熟读经典，能言善辩，口若悬河，因而连续取胜，一连坐了五十余个席位。后人因此把善于舌辩之才称为"夺席才"。

当然，古代也有形容才女的词语。晋代才女谢道韫颇有盛名。《世说新语》记载，东晋重臣谢安举族雅集，与兄弟子侄辈一起讲文论道。恰逢天降大雪，谢安忽发兴致，问大家："白雪纷纷何所似？"谢道韫的哥哥谢朗答道："撒盐空中差可拟。"谢道韫接着说："未若柳絮因风起。"谢安一听，大为赞叹。后世于是称谢道韫为"咏絮才"。

任务十 电话沟通素养

情景导入

作为职场新人，李冰每天都需要通过电话跟客户、同事进行沟通，有哪些电话沟通礼仪是她需要注意的呢？例如，接电话的时候，她需要自我介绍吗？什么时间最适合给客户打电话呢？

任务清单

任务书	
学习领域	电话沟通素养
任务内容	接打座机礼仪 手机使用礼仪
知识点探索	1. 在电话沟通中，语音、语调会怎样影响商务沟通的有效性？ 2. 讨论与客户第一次电话通话的开场白。 3. 手机使用有哪些需要注意的地方？
任务总结	通过完成上述任务，你学到了哪些知识或技能？
实施人员	
任务点评	

> 知识链接

10.1 接打座机礼仪

子任务一：根据表 10-1，测一测你的电话沟通能力。

电话沟通

表 10-1 电话沟通能力测试表

项 目	经 常	有 时	很 少
1. 铃声响过 5 次，拿起听筒			
2. 首先报出姓名、部门，接着说："要我帮忙吗？"			
3. 一边听电话一边看备忘录或信件，以节省时间			
4. 核实一下对方当时是否方便交谈，再开始话题			
5. 中途打断对方，以尽快结束交谈			
6. 不明白对方的意思时，请求再次澄清一下			
7. 在某个电话通话时间很长，或涉及的事情很复杂时，不能集中注意力			
8. 从不记录谈话内容			
9. 总是等对方挂断电话之后才放下听筒			
10. 电话结束之后，总是立刻记下具体事情			

评分标准： 单数题号分值从左向右分别为 1 分、2 分和 3 分，双数题号分值分别为 3 分、2 分和 1 分。总分 26 分以上为优秀，20～26 分为中等，20 分以下者技能有待提高。

10.1.1 通话时间的选择

在合适的时间打电话是一种基本的礼貌，也是取得成功的前提。在打电话之前，要非常清楚对方的工作性质和时间；时间选择不当，即使自身的业务水平再高，也不能达到预期目的。例如，给会计师打电话，切勿在月初和月末，最好在月中接触；而给医生打电话，最好在 11 点以后和 14 点以前。

星期一：这是周末刚结束上班的第一天，客户肯定有很多事情要处理，一般公司都在星期一开商务会议或安排工作，所以大多数会忙碌。因此，如果要洽谈业务，就应尽量避开这一天。

从星期二到星期四：这三天是电话沟通最合适的时间。

星期五：一周的工作就要结束，如果这时打电话过去，多半得到的回复是："等下星期我们再联系吧！"这一天可以进行调查和预约的工作。

在具体的每个工作日中，每个时间段的电话沟通效果也大不相同。

8—10 点：这段时间大多数客户会紧张地做事，电话推销人员不妨也安排一下自己的工作。

10—11 点：这段时间客户大多数不是很忙碌，有一些事情也处理完毕，这段时间是推销的最佳时段。

11 点 30 分—14 点：午饭时间，不要轻易打电话。

14—15 点：这段时间人会感觉烦躁，尤其在夏天。

15—16 点：努力打电话吧，你会在这时取得成功。

10.1.2 通话地点的选择

良好的通话氛围可以促使双方尽快进入角色，在有限的时间内达到通话的目的。在一个嘈杂的环境里，可能彼此交谈的话都不能听清楚，这会使另一方产生反感情绪而结束电话交流；在接电话或者打电话给对方的时候，马上结束与同事、朋友的嬉笑和谈话也是为了尊重对方，创造良好的谈话氛围，促成通话目标的实现；在和对方通话时，如果是比较重要的商业信息，最好在一个私人空间里进行，避免泄露信息。以上都是选择通话地点应该注意到的基本问题。

10.1.3 通话对象的选择

在通话前，要知道自己准备和谁交谈；在通话时，要弄清楚是谁在和自己交谈。因此，在接通电话向对方表明身份之后，要先确认对方的身份。如果出现拨错电话的情况，就要有礼貌地道歉；如果打电话的目的是找决策者，但接听的是秘书或者其他人，就不能因为对方没有决策权而摆出居高临下的态度，在措辞和语气上盛气凌人。在介绍过自己之后，切勿不管对方是谁就开始介绍自己的产品或服务，这会给人强迫接听电话的感觉，浪费双方的时间。

10.1.4 通话内容的选择

在电话中的交谈无法让你看到信息传递的效果，但对方声音上的细节，如语气、停顿、音调、语速等，都可以给你一些暗示，反映出对方接收信息的情况。和面对面沟通一样，在电话沟通中，对时间的掌握也非常重要。如果对方正在忙、生气，或者很容易被打断，那么你和他成功对话的想法可能就会落空。因此，在打电话开始两人的对话前最好问一下："您现在方便通话吗？"

在通话时，我们一般要考虑对方的时间安排，遵循"电话 3 分钟原则"，这也是基本的礼仪。因此，通话双方应该明白自己的主要目的是什么，用简练的语言清晰地表达自己的想法。漫无目的的长篇大论或者语无伦次，不仅不会达到自己的目的，也会浪费对方的时间，使其产生厌烦情绪。

10.1.5 打电话方式的确定

在电话接通后，怎样做才能进行有效的沟通，从而达到双方通话的目的呢？有很多方面的原因会影响通话的成功与否，如打电话的一方是否做好了通电话的准备工作，包括是否明白顾客的性质、公司的产品是否适合顾客、是否可以应对顾客的各种问题等。在电话沟通中，对方唯一可以判断出你的沟通诚意的标准就是你的声音和措辞。

1. 声音

在用电话交流时，只有引起对方注意才有继续通话的可能。声音包括音量、语速和发音。

（1）音量。

你在电话里面的声音的大小应该与你和桌子对面的人交谈时的音量相同，即距离1~2米远。你不能离话筒很近，这样对方会感觉很刺耳，让对方感到心烦；同时不能离得太远，这样对方可能听不清楚你说的话。如果对方的声音很小，就一定要提醒对方，以免造成信息遗漏。

（2）语速。

电话沟通者要在3分钟内把电话沟通的目的表达清楚，但也不能不顾对方的感受，一定要注意自己的语速，在必要的时候可以延长交流的时间。如果说得太快，对方可能因为听不清楚而感到沮丧；如果说得太慢，对方可能不耐烦。

（3）发音。

发音受到以下因素的影响。

① 姿势。坐在椅子的前半部分，这样可以迫使你端正姿势，也可以使你的声音更有力、更清晰。如果你在通话中突然站了起来，对方可以感觉到有压迫和发怒的气势。

② 妨碍物。千万不要在打电话的时候嘴里咀嚼或含着糖果与香烟之类的东西，这些东西会和你的牙齿、嘴唇发出摩擦，这种声音会让对方感觉到自己没被尊重。

2. 措辞

措辞主要是指在电话交谈中应该注意用语的技巧，慎用俚语、术语，多使用礼貌用语。

（1）俚语。

和对方通话的时候最好不要用俚语，虽然对方可能听得懂，但会让对方觉得你并不尊重这个场合，做事不够认真。

（2）术语和行话。

在客户当中可能很少有人是行家，他们只是对产品本身好奇，所以只要以最简洁的语言把产品的好处和服务介绍清楚即可。

（3）礼貌用语。

教养体现在细节之中，礼貌的电话用语是必不可少的。当我们接电话时，要说"您好"，然后先将自己的名字或者公司的名称报给对方。当我们打错电话时，要向对方道歉："对不起，我拨错了号码。"当我们没有及时接听电话时，应该说："抱歉，让您久等了。"在整个通话过程中注意多使用敬称和尊称。说完"再见"以后挂电话，要轻放话筒，这是一种无声的电话礼仪。

> **小贴士** 电话交流的5个基本原则
>
> （1）几乎在所有时间里，客户都在与你交流。
> （2）在客户的世界里，他总是对的。
> （3）与客户交流始终是你的职责。
> （4）你的适应性越强，效果越好。
> （5）在引导客户之前，先接近对方，与其同步。

【技能训练】分析下列电话营销开场白，并指出不当之处。

1. 您好，陈先生，我是×××公司市场部的张明，×××公司已经成立5年多了，和×××合作也已经很多年了，不知道您是否曾经听说过我们公司？

2. 您好，陈先生，我是×××公司市场部的张明，我们是专业提供×××产品的，请问您现在在用哪家公司的产品？

3. 您好，陈先生，我是×××公司市场部的张明，前几天我发了一些资料给您，不知道您收到没有？

4. 您好，陈先生，我是×××公司市场部的张明，我们是专业提供×××服务的，不知道您现在是否有空，我想花一点时间和您讨论（给您介绍）一下？

参考开场白：

您好，陈先生吗？我是×××市场部的陈明，我们有非常庞大的×××产品，有×××和×××（产品形式），今天我打电话过来的原因是我们的产品已经为很多×××（同行业）朋友认可，能够为他们提供目前最高效的×××服务，而且我们给他们带来很多×××（利益）。为了能进一步了解我们是否也能替您服务，我想请教一下您目前是否购买其他产品和服务。

10.2 手机使用礼仪

子任务二：在生活中，你最讨厌他人的手机使用习惯是什么？

1. 手机的放置

在公共场合，在没有使用手机时，要将其放在合乎礼仪的常规位置。不要在没使用手机的时候将其放在手里或挂在上衣口袋外。

放手机的常规位置有两个：一是随身携带的公文包，这种位置最正规；二是上衣内袋。有时候可以将手机放在不起眼的地方，如手边、背后、手袋里，但不要放在桌子上，特别是不要对着对面正在聊天的客户。女士要注意，手机就算再好看和小巧，也别把它挂在脖子上。

2. 在必要时关掉手机

在会议中或与别人洽谈的时候，最好把手机关闭。若不想关闭手机，就要将其调到振动状态，这样既显示出对别人的尊重，又不会打断发言者的思路。

在餐桌上，关闭手机或把手机调到振动状态也是必要的。

3. 手机的使用要注意场合

注意手机使用礼仪的人，不会在公共场合或接听座机电话时，以及开车、乘坐飞机时接打手机。

在公共场合，特别是楼梯、电梯、路口、人行道等地方，不可以旁若无人地使用手机。在必须通话时，应该把自己的声音尽可能地压低，绝不能大声说话。

在一些场合，如在图书馆或剧院里用手机打电话是极其不合适的，如果非得回话，采用静音方式发送手机短信是比较合适的。

4. 要考虑对方是否方便

拨打对方手机时，尤其知道对方身居要职，首先想到的是，这个时间对方是否方便接听，并且要有对方不方便接听的准备。拨打手机者应注意从听筒里听到的回音来辨别对方所处的环境。当然，不论在什么情况下，是否通话还是由对方来定为好，所以"现在通话方便吗？"通常是接通对方手机时的第一句问话。

5. 在工作期间不要用搞笑铃声

不恰当的铃声设置和彩铃会令你失礼于人。公务员、公司管理人员等由于岗位性质的需要，应该以稳重的形象示人。因此，在工作场合中，如果响起"爸爸，接电话""汪、汪"这样的手机铃声时，不仅会显得很不严肃，而且与自身的身份不符。

6. 收发短信、微信的注意事项

不要在别人能够注视到你的时候查看短信、微信。一边和别人说话，一边查看手机短信、微信，是对别人不尊重的表现。

在内容选择和编辑上，应该和通话文明一样重视。你发送的内容，意味着你赞同或不否认，它们反映了你的品位和水准。所以，不要编辑、转发消极的或者不健康的内容。

【技能训练】你是否能够容忍下列行为？
1. 在过马路时玩手机。
2. 在聚会或聚餐时低头玩手机。
3. 在工作会议上玩手机。
4. 在公共场合大声通话。

实训演练

电话沟通角色扮演
学生A：售后客服。
学生B：客户
客户电话投诉称收到的产品到货数量和规格与合同不符。在角色扮演后，分析总结电话礼仪技巧，包括语调、倾听和理解客户等方面。

美育课堂

生活雅语

请人原谅说"包涵"，求人帮忙说"劳驾"，
向人提问说"请教"，得人惠顾说"借光"，
归还物品说"奉还"，未及时迎接说"失迎"，
需要考虑说"斟酌"，请人勿送说"留步"，
对方到场说"光临"，接受好意说"领情"，
与人相见说"您好"，问人姓氏说"贵姓"，
问人住址说"府上"，请改文章说"斧正"，

求人指点说"赐教",得人帮助说"谢谢",
祝人健康说"保重",向人祝贺说"恭喜",
老人年龄说"高寿",身体不适说"欠安",
自己住家说"寒舍",女士年龄称"芳龄",
称人女儿为"千金",送礼给人说"笑纳",
送人照片说"惠存",欢迎购买说"惠顾",
希望照顾说"关照",请人赴约说"赏光",
对方来信说"惠书",无法满足说"抱歉",
请人协助说"费心",言行不妥说"对不起",
慰问他人说"辛苦",迎接客人说"欢迎",
宾客来到说"光临",等候别人说"恭候",
麻烦别人说"打扰",客人入座说"请坐",
陪伴朋友说"奉陪",临分别时说"再见",
中途先走说"失陪",请人勿送说"留步",
送人远行说"平安",请人决定说"钧裁",
接受教益说"领教",谢人爱意说"错爱",
受人夸奖说"过奖",交友结亲说"高攀",
祝人健康说"保重",书信结尾说"敬礼",
问候教师说"教祺",致意编辑说"编安",
初次见面说"久仰",长期未见说"久违",
向人询问说"请问",求人办事说"拜托",
称人夫妇为"伉俪",尊称老师为"恩师",
称人学生为"高足",平辈年龄问"贵庚"。

任务十一　网络沟通素养

情景导入

作为职场新人，李冰在工作中除了喜欢使用电话沟通，还喜欢使用电子邮件、QQ、微信等网络沟通工具跟同事、客户联系。但是，她发现公司里的同事好像更喜欢通过电子邮件来确认工作任务。那么，写电子邮件有哪些注意事项呢？在工作中使用即时通信工具需要注意哪些细节呢？

网络沟通

任务清单

任务书	
学习领域	网络沟通素养
任务内容	商务电子邮件撰写技能 即时通信工具使用礼仪
知识点探索	1. 商务电子邮件撰写的基本原则是怎样的？ 2. 说一说电子邮件中"抄送"和"群发"的区别。 3. 讨论职场中的微信使用礼仪。
任务总结	通过完成上述任务，你学到了哪些知识或技能？
实施人员	
任务点评	

> 知识链接

11.1 商务电子邮件撰写技能

子任务一：请谈谈商务电子邮件撰写的基本原则。

电子邮件已经成为在工作中广泛运用的沟通方式之一。有一项调查显示，71%的管理者把电子邮件当作最基本的沟通方式，而只有13%的管理者把电话作为最常用的沟通方式，14%的管理者倾向于面对面地交谈。电子邮件被普遍地应用，但人们也许并没有很好地发挥它的实际作用。例如，收信人回复电子邮件的时间过长，可能产生严重的后果；又如，诚恳的语气可以营造出很好的沟通氛围，而没有人情味的语气则会影响双方的交流。

想写好电子邮件，要先明确写电子邮件的目的。通常商务电子邮件的写作目的有以下4个。

（1）需要对方做什么；

（2）说明什么；

（3）附带文件；

（4）陈述观点和分享心得。

目的明了后，写电子邮件的思路才会清晰。

11.1.1 标题

（1）标题空白是写商务电子邮件的大忌，不仅失礼，还容易让电子邮件被忽略。写电子邮件的第一步，就是确定标题。

（2）完美的电子邮件标题应是简短明了、有内容的，意思要同电子邮件主旨大意相同，让收件人一望可知。

（3）在标题中尽量注明电子邮件的来源，让收件人可以大致判断电子邮件的目的。

11.1.2 称呼和问候语

（1）电子邮件和传统信件的写作是相同的，电子邮件的开头也要对收件人加以称呼，但要拿捏好称呼尺度。如果对方有明确的职务，就应该按照职务尊称对方；如果职位不够明确，就可以用某先生、某小姐代称，称呼的格式是在第一行顶格的位置写。

（2）开头和结尾处的问候语不能忽略。"你好"或"您好"是常见的开头问候语，通常写在称呼的下一行空两格处。也可以使用"Hi"，并连同称呼一同写在第一行顶格的位置。结尾处的问候常见的有"此致敬礼""祝工作顺利"等，格式和常规信件相同。

11.1.3 正文

（1）要先表明身份。如果是熟人间的电子邮件，就可以忽略此步骤。如果对方与你不熟悉，就应该先说明自己的身份，也就是自己的姓名及所属的部门或公司。这不仅是对收件人的尊重，还能让对方顺利理解你发电子邮件的本意。此外，如果是工作邮箱，最好设置签名档。

（2）正文以"1、2、3"或"A、B、C"的段落形式呈现，这样复杂的事情看起来也会更加有条理。电子邮件的撰写应遵循重点由上而下的原则，也就是说，重点问题在第一段中体现。每段尽量简短，能几个字说清的事情绝不用一句话来代替。写电子邮件慎用生僻字、异体字。

（3）如果有附件，就可以在正文中提醒，将提醒文字放在正文结束后的位置，如"××文件在附件中，请查收"。如有必要，可以把文字做标红处理。

（4）注意正文的语气，要比口语对话稍微正式一点。在商务电子邮件中，"谢谢""请"等字样不能缺少。在商务电子邮件中不可出现表示语气的"小符号""小表情"，否则会使商务电子邮件显得不够严肃。

（5）电子邮件正文写好后，要仔细确认，最好一次就把全部内容说清，尽量避免再发电子邮件进行补充。

11.1.4　收件人和抄送人

"收件人"的位置填的是你的电子邮件主要发送的人的地址，一个或多个都可以。"抄送人"的位置填的是电子邮件内容需要告知的相关人，如领导，也可以不填。两者实际在功能上没有大的区别，主要是收信人的主次区分。

请示性的电子邮件一般只有一个收件人，其他需要知晓的人应当采用抄送形式。对于不相关的人，不可随意抄送；抄送范围得当，有助于事件的推进，否则会造成不必要的人力、物力浪费。

11.1.5　回复电子邮件

如果是回复别人的电子邮件，电子邮件的标题要采用对方标题的主旨回复，有助于整个沟通进行得顺畅和清晰。

电子邮件的礼仪是传统信件礼仪的一种延伸，但其性质又不完全等同于传统信件。商务电子邮件作为工作社交的一种存在形式，是职场人要经常接触和使用的，学会并掌握其中的技巧和礼仪，是树立职场形象的一种方法，同时能避免很多不必要的冲突和麻烦。

> **小贴士　不是所有的沟通都需要发电子邮件**
>
> （1）复杂的事情不要通过电子邮件讨论，否则效率很低。
> （2）有争议的事情不要在电子邮件中讨论，容易引起不必要的误会。
> （3）对于简单而重要的事情，马上发电子邮件。
> （4）对于重要事情的安排、结论，一定要发电子邮件，备忘、备查、提醒参与者。
> （5）对于复杂的事情，先开会，再用电子邮件发会议记录。
> （6）对于不重要的事情，不要发电子邮件，否则会显得抓不住重点。

【技能训练】说一说你遇到过的最令人讨厌的电子邮件沟通习惯。

11.2 即时通信工具使用礼仪

子任务二：讨论打电话与发送即时消息的区别

即时通信工具，如微信、QQ 等都是一种能让你通过网络随时与他人交换信息的工具。即时通信工具不仅用于娱乐，在工作中也有很大的作用。

在使用即时通信工具时，我们应该注意哪些商务礼仪呢？

1. 昵称

很多人会在即时通信工具中取一个昵称。如果只在社交圈使用，那么这是完全可行的（只要不是太荒谬的昵称即可）。如果你的即时通信工具为商务或职场用途，那么即时通信工具中的个人名称最好是真实姓名或者包含真实姓名。这是因为真实姓名更可以增加个人的真诚度和可信度。

2. 头像

如果作为非正式的社交使用，那么可以选择搞笑的头像。如果在商务场合使用，就要选择一些可信的照片，避免使用奇怪的动物头像或荒谬的场景头像等。另外，风景、花朵、艺术图片等也是可以的。

3. 添加好友

如果要添加一些从没见过的人（通过 ID、共同讨论组添加），那么在好友验证里面要介绍清楚添加对方的目的："我是×××，期待能跟您合作。"对方接受添加好友请求后，要及时和对方打招呼并详细说明添加好友的目的；避免添加好友后，好几天后才打招呼，或者完全不打招呼，毕竟没有人喜欢在通信录中莫名其妙地添加一个完全陌生的人。

4. 语音信息

跟个别好友单独聊天，发送语音信息是一种非常便捷的沟通方式。对方可以直接听到你的声音并感受到话语里的情绪等，而且发送语音信息比打字的速度快很多。

然而，在即时通信工具群组里发送语音信息并不是明智之选。发送语音信息确实节省时间，但组里的其他人都需要花时间听语音信息，对他们来说文字信息更方便。所以，应该避免在群组里发送语音信息。

5. 群组消息

如果你加入了一个群，里面有几个人你并不认识，那么最好先做一个简短的自我介绍。例如，"很高兴认识大家，我是陆明。"如果你加入的是与工作相关的群组，就需要更详细一些的介绍，如公司的名称、职位、入群的目的等。

在群组聊天时，使用的语言最好是大部分群员都听得懂的语言。不要在群里旁若无人地只跟一个人聊天。

6. 发个人动态

如果即时通信工具为工作之用，尽量避免在个人动态上发一些荒诞或搞笑的照片，不要在工作群或者给工作好友发送荒诞或过分的表情。

发个人动态时，最好确认自己没有未回复的信息，否则对方看到你有时间发朋友圈却没时间回复信息，会觉得不舒服。

7. 回复信息

即时通信工具可以帮助人们及时联系对方，但这并不代表别人需要"秒回"信息，尤其在工作方面的信息，对方可能正在开会，有其他事情要处理，或者需要时间考虑如何回复。给对方一天的回复时间并不为过，因为有些事对你来说是迫在眉睫的，对对方来说却并非如此。

另外，不要在 9 点前或 21 点后给别人发送工作方面的信息，除非迫不得已或对方明确表明需要在特殊时段发送的。

小贴士　微信沟通基本礼仪

（1）添加好友的申请关注被通过后，主动打招呼。

（2）学会自报家门，说话礼貌。

（3）个人签名要积极、阳光。

（4）发语音要有信息量，节省彼此的时间。

（5）等待是一种美德。

（6）对于紧急的事，别用微信留言。

（7）发布正能量的内容，不管是原创的还是转发的。

【技能训练】说说你遇到过的最令人讨厌的使用即时通信工具的习惯。

实训演练

假设你是人事部的王力，请按照以下要求写一封电子邮件。

收件人：张经理

抄送：刘经理

具体内容：通知本周固定在周三下午的人事部例会改为周四上午，若有问题的话再联系你。

附件：会议议程更改文档

美育课堂

古代书信礼仪

我国的书信史源远流长。书信文化经过历代的传承和发展，大体形成了被社会广泛认同的书信格式。除正文和署名外，书信一般至少包含以下几个部分——称谓语、提称语、思慕语和祝愿语。

1. 称谓语

在书信中必须使用敬称和谦称，这是书信文化最基本的常识，它要体现的是"君子自谦而敬人"的理念。

敬称是对他人表示尊敬的称呼。敬称的方式很多，比较常见的方法是将古代爵称等转换成敬称。例如，"君"原指天子或者君王。《诗经·大雅·假乐》中的"宜君宜王"，此处的君就是指诸侯。后来，"君"转化为比较宽泛的敬称。例如，称父亲为家君，称已故的祖先为先君，妻子称丈夫为夫君。"君"也可以用作对他人的尊称。《史记·申屠嘉传》："上曰：君勿言，吾私之。"时至今日，"君"作为尊称的用法在日语中依然保留着。

在书信中一般不出现你、我、他之类的代词，用这些代词是简慢或者缺乏文采的表现，凡是遇到类似的地方，应该酌情处理。例如，提及对方时，可以用"阁下、仁兄、先生"等代替；提及自己时，可以用在下、小弟、晚辈等代替；提及第三方时，一般可以用"彼"或者"渠"表示。"渠"当作第三人称用，始见于《三国志·吴志·赵达传》："女婿昨来，必是渠所窃。"

谦称是与敬称相对的称谓，一般用于自己或者自己一方。对他人用敬称，对自己用谦称，是中国人的传统。从先秦文献可以知道，当时的贵族都有特定的谦称。例如，《老子》说："王侯自孤、寡、不穀。"其中，"孤"和"寡"都是少的意思，王侯称孤道寡，是谦称自己德行浅少；"穀"是善的意思，不穀犹言不善。《礼记·曲礼》说，诸侯的夫人在天子面前自称"老妇"，在别国诸侯面前自称"寡小君"，在丈夫面前自称"小童"。

如果向对方有所馈赠，则要用谦语，如"菲仪""芹献""寸志"等，意思是说自己的东西微不足道，不过是借以表示小小的心意。希望对方收下礼物，则要说"恳请笑纳""敬请哂纳"等，意思是让对方见笑了。

2. 提称语

书信一定要用称谓，首先要分清是父母、尊长，还是老师、朋友。在称谓之后，一般要缀以对应的词语来表达敬意。例如，"台端""台甫"等，这类词语称为提称语。提称语与称谓有对应的关系，其中有些可以通用，但大部分都有特定的使用对象。

3. 思慕语

书信的功能之一是沟通彼此的情感。因此，在提称语之后不能直接进入正文，而是要用简练的文句述说对对方的思念或者仰慕之情，这类文句称为思慕语。在思慕语中使用最多的，是从时令、气候切入来倾吐思念之情。敦煌文书中有一件《十二月相辩文》，列举在每月不同的气候状况下，可供选用的词语。例如，正月初春可以说"孟春犹寒，分心两处，相忆缠怀。思念往还，恨无交密"，二月仲春可以说"仲春渐暄，离心抱恨，慰意无由，结友缠怀，恒生恋想"。由于有了对意境的描述，读之令人倍感亲切。

4. 祝愿语

两人见面后，在即将分别之时，应该互道珍重。祝愿语的主题是希望对方幸福、平安。这一礼节表现在书信中，就是祝愿语。

项目五 办公室里的职场交往——办公室礼仪

学习目标

知识目标

掌握职场人士在办公场所应该遵守的基本法则；

熟悉办公室物品的使用礼仪；

掌握办公室人际沟通、交往的技巧和基本规范。

能力目标

打造良好的办公环境；

处理好职场中的人际关系。

素养目标

培养学生展现良好的职场素质；

培养学生具备办公守礼、礼仪周到的能力；

培养学生谦敬合度的职业品格。

知识结构

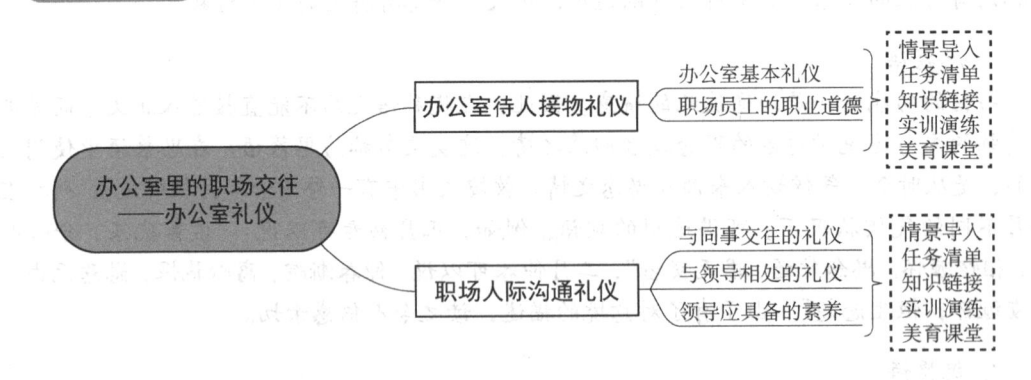

```
                                        ┌─ 办公室基本礼仪 ─┐   ┌ 情景导入
                  ┌─ 办公室待人接物礼仪 ─┤                  ├─┤ 任务清单
                  │                     └─ 职场员工的职业道德┘   │ 知识链接
办公室里的职场交往 │                                              │ 实训演练
——办公室礼仪    │                                              └ 美育课堂
                  │                      ┌─ 与同事交往的礼仪 ─┐   ┌ 情景导入
                  └─ 职场人际沟通礼仪 ───┤ 与领导相处的礼仪   ├─┤ 任务清单
                                        └─ 领导应具备的素养 ─┘   │ 知识链接
                                                                 │ 实训演练
                                                                 └ 美育课堂
```

任务十二　办公室待人接物礼仪

情景导入

办公室是办公的主要场所，办公礼仪不仅是对同事尊重和友好的表示，更是个人素质和涵养的体现。职场的事不分大小，每一件都要认真对待，事无巨细、面面俱到，才能做到专业水平与礼仪修养兼修。作为职场新人，李冰在使用办公物品的时候应该注意哪些细节呢？应该遵守哪些职场法则呢？

任务清单

任务书	
学习领域	办公室待人接物礼仪
任务内容	办公室基本礼仪 职场员工的职业道德
知识点探索	1. 办公桌应该如何保持整洁？ 2. 在办公室中需要注意哪些安全问题？ 3. 在下班后要注意哪些细节？ 4. 在工作中如何做到公私分明？ 5. 在工作中递交物品给同事时要注意哪些细节？
任务总结	通过完成上述任务，你学到了哪些知识或技能？
实施人员	
任务点评	

12.1 办公室基本礼仪

子任务一：请分析图 12-1 中办公桌上的物品摆放是否合适，有哪些可以改进的地方。

图 12-1　办公桌上的物品

12.1.1 办公室不是私人领地

1. 办公桌

在办公场所，最需要注意但也是最容易被忽略的地方就是桌面，桌面一定要保持干净、整齐。有些人觉得这是"私人领地"，或者工作时间一长，惰性就出来了，在这里放个文件，在那里扔支笔，办公桌面显得很杂乱。这时候，有领导或者客人经过，给对方留下的恐怕不会是什么好印象。

图 12-2 与图 12-3 就是随机拍到的办公区照片。

图 12-2　随机拍到的办公区照片（1） 　　图 12-3　随机拍到的办公区照片（2）

这就是习惯问题。有时候人们正忙着，东西摆放就随便一点，待会儿又有事情要忙，就又没有时间收拾了，好不容易忙完就该下班了，时间一长也就成了习惯。人数一多，也就成了风气。

其实，做到以下两点就可以避免这些问题了。

（1）将要用的东西放在桌面上，否则都收起来。

（2）把文件放在文件夹里。若文件多，则不妨用文件夹整理整齐。这样不管是放文件还是取文件都会方便很多。

干净整齐的办公桌面如图12-4与图12-5所示。

图12-4　干净整齐的办公桌面（1）　　　图12-5　干净整齐的办公桌面（2）

2. 食物和摆盆

饮水时，若不是接待来宾，则应使用个人的水杯，减少一次性水杯的浪费。

有些人喜欢在办公室里放点水果、零食，等加班或者休息的时候吃。这并不是什么坏事，但一定要把东西收好，不能把它们放到办公桌上。其他私人物品也是如此。而且，不宜带占地方太大或者有强烈刺激性气味的东西到办公区，如臭豆腐、榴莲。

对于经常使用的办公用品，最好定期擦一下。如果条件许可，就不妨在桌面上摆放占用面积不太大的花草，养小鱼也可以，既美观养眼，又能调节心情。

3. 安全问题

水杯不要放在离键盘太近的地方，尤其不要放在键盘前面，防止一不小心打翻水杯弄湿键盘。中午若叫外卖，则最好换个地方吃，或者在自己的办公桌上垫张报纸，别让饭粒、菜汤等掉到计算机与桌面上。

当然，在办公位置梳头也是不太合适的，头发还可能掉到键盘里，破坏电路。

> **小贴士**　**5招让办公桌不凌乱**
>
> （1）桌面只放必需品。
> （2）将比较常用的物品放在离你最近的抽屉里。
> （3）适当利用墙壁。
> （4）将文件放进文件夹里。
> （5）在下班前收拾好。

【技能训练】小组讨论图 12-6 中凌乱的办公桌物品如何摆放更加合适。

图 12-6　凌乱的办公桌

12.1.2　下班后别着急回家

下班后着急回家是职场新人最常犯的错误。作为职场新人，下班后不要马上走，要坐下来静心想想，将一天的工作简单做个总结，制订第二天的工作计划，并准备好相关的工作资料。另外，还要注意以下两点。

1. 检查抽屉

下班的时候，记得把杯中的水倒空。若放长假，则更要检查一下抽屉，不把容易腐烂的东西放在办公室里。

若你是最后一个走的，则要检查一下所有的电源开关。

2. 将椅子归位

离开座位后，记得把椅子推回去，这要养成习惯。如果你的身后是过道，就更要注意这个问题，不能让自己的不良习惯给别人造成不便。

这些内容都很琐碎，重在平时养成习惯。古人云："一屋不扫，何以扫天下？"如果你的办公区又脏又乱，领导或者客户就很难对你有信心。

12.2　职场员工的职业道德

子任务二：小组讨论，如果你在工作期间任务不多，有一些空闲时间，你会做什么，是否可以接私活或者煲电话粥。

12.2.1　公私分明

不管自己过去是什么样子，在家里是什么地位，在职场都要摆正心态，意识到自己是一名员工，要服从单位的安排，尊重他人的感受，不要把个人的坏习惯和坏脾气带到办公室来。

1. 不良习惯不进办公室

例如，有些人喜欢转笔，这种习惯可能在上中学的时候就有了，在空闲时就开始转笔。若频繁掉笔、捡笔，则会引起他人的反感。

有些人喜欢咬手指头、跷二郎腿、随时补妆，这些都是很私人化的行为，可以找相对封闭的空间去做。

2. 避免办公室争吵

切忌在办公室里争吵、打闹。哪怕你和同事闹矛盾，也不要把情绪带到工作中来。公归公，私对私，永远不要把两者混为一谈，更不要以私害公，否则你就会成为"全民公敌"。哪怕对方有错在先，惹怒了你，你也要克制。在业余时间解决私人恩怨，有必要时不妨找领导帮忙。

12.2.2 涉及物品的办公礼仪

1. 递送物品

在办公室里，经常要涉及物品的整理和递送。在递送物品方面有不少值得注意和学习的地方。

给别人递送物品时，一定要让对方接收的时候感到便利。给别人递剪刀，一定要把刀柄递给对方，这是一种常识。给别人递文件也是如此，记得把文字正对着对方。如果纸页过多，就最好装订一下，或者用回形针将其别在一起。当文件较多时，就用文件夹夹在一起，这样既整洁又方便。

如果给对方的是钱，就很忌讳把钱赤裸裸地递给对方。正确的做法是把钱装在一个信封里面，在信封上注明给谁、什么钱、数额多少等信息，这样就不会搞混了。当然，如果不放心，就最好当面验收。

2. 放置雨伞

遇到雨雪天气，进入单位或写字楼之前，一定要把雨水、污水弄干净。例如，快进入大楼的时候，先把雨伞收起来，抖掉雨伞上的雨水；如果有袋子，就把伞装起来。

上下楼梯或进楼梯的时候，要把雨伞垂直向下，拿在靠墙的一边，以免雨伞蹭到别人。进入办公室后，把雨伞放在专门的位置，如水桶里、架子上。如果单位没有这些东西，就把它晾在阳台上，或找个袋子装起来。

不要把雨伞撑在办公区或过道上，那样不但有碍观瞻，而且会给别人造成不便。

12.2.3 非常重要的电梯潜规则

1. 接待客人或领导，电梯没有其他人的情况

在客人或领导之前进入电梯，按住开电梯门的按钮，再请客人或领导进入电梯。到达目的地后，按住开电梯门的按钮，请客人或领导先出电梯。

2. 秩序

先上电梯的人应靠后面站，以免妨碍他人搭乘电梯。

在电梯内不可大声喧哗、嬉戏打闹。

【技能训练】电梯内的站位分布。

如图 12-7 所示，你认为电梯内的上位应当在（　　）。

A. 1　　　　　　　　　　　　B. 2

C. 3　　　　　　　　　　　　D. 4

图 12-7　电梯内的站位

3. 聊天

职场新人通常表现活跃，但有时会过于活跃。有些人进了电梯以后，还会聊个不停，完全无视身边还有其他部门或单位的人。有的人的聊天内容还可能引发一些问题。

通常来说，在电梯里可以聊些不痛不痒的话题，如最近天气如何、哪里的饭菜比较好吃。切忌在电梯里谈论单位的事和个人隐私，因为你永远不知道下一刻走进电梯的人会是谁，站在你旁边的人会不会出现"言者无心，听者有意"的情况。

【技能训练】小组讨论：在以下案例中员工犯了哪些错误。

一天，一位客人乘坐酒店观光电梯准备下到大堂。当电梯行至酒店行政办公楼层时，走进两位身穿酒店制服，正准备去参加每月生日会的员工。两位员工一边聊一边随手按了一下电梯按钮。但是，员工随即发现错按了 5 楼的按钮，而员工生日会通常在 3 楼或 2 楼举办，于是改按了 3 楼的按钮。当到达 3 楼，电梯门打开时，员工发现 3 楼好像没有来参加生日会的人，生日会应该是在 2 楼举办，于是又按了 2 楼的按钮。员工的行为引起一同乘坐电梯的客人的不快。当电梯到达大堂时，客人向大堂副理投诉，认为酒店员工不应该乘坐客用电梯，且员工乱按电梯按钮完全不考虑客人的感受。

项目五 办公室里的职场交往——办公室礼仪

实训演练

张明刚参加工作不久,公司承接了一次全国性的会议,要求国内很多高校校长参加。张明被安排在接待工作岗位上。接待当天,他早早来到机场。当等到来参加会议的人时,他便开口说:"您好!是来参加全国高校校长联席会议的吗?请告知您的单位及姓名,以便我们安排好就餐与住宿问题。"参会人员告知相关信息后,张明有条不紊地做好了记录。

后来在会场,张明帮客人引路,一直小心翼翼。虽然自己一向走路很快,但他放慢步伐,注意与客人的距离不能太远,一路带着客人。上下电梯,张明也是走在前面,做好带路工作。张明原本认为很简单的事情,却几次被上级批评。

请分析本案例中张明有哪些行为不妥?

美育课堂

儒家的交际方式——仁爱忠恕

儒家把"仁"当作人的最高精神境界,"仁"指的是所有美好品德的总和。一个具有仁德的人,不仅能够正确评价自己,还能够善待他人,拥有善良的心和良好的交际方式;能够悦纳进取,适应生活。

儒家认为"仁者爱人"。《孟子》曰:"君子所以异于人者,以其存心也。君子以仁存心,以礼存心。仁者爱人,有礼者敬人。爱人者,人恒爱之;敬人者,人恒敬之。"意思就是说,一个人应该学会爱人,善待他人,对他人有同理心。善于与人相处,会爱人的人也会被爱。利己利他,方可和谐双赢。用"仁"的方式来调节内心,以"仁者爱人"的方式处理人与人之间的关系,儒家视为美德。

曾子曾说:"夫子之道,忠恕而已矣。""忠"既指自己内心真诚的为人处世的态度,也指由此生发出的为他人尽心尽力做事的行为。而"恕"是从自己的欲求推想到他人并促成他人达成欲求,"恕"也要求行为主体不能将自己的"不欲"加诸他人。在儒家眼中,"恕"应该成为人际交往的一项基本准则。这一准则要求人们本着尊重他人、将心比心、推己及人的心态进行一切社会活动。

孟子说的"老吾老以及人之老,幼吾幼以及人之幼",表现的就是仁爱忠恕之道。仁爱忠恕作为儒家理想的人际关系处理方式,对现代人的人际交往来说是宝贵的财富。

任务十三　职场人际沟通礼仪

情景导入

文员李冰向分管营销业务的孙副经理请示业务处理的意见后，遇到负责宣传的张副经理，又向他请示，结果两位领导的意见很不一致。李冰无所适从，两位领导也因此矛盾加深。孙副经理认为李冰跟张副经理关系亲近，有意与他作对；而张副经理认为这个业务是他引荐的，李冰应先与他通气。李冰这样做对吗？面对这种情况，李冰应该怎么办？

任务清单

任务书	
学习领域	职场人际沟通礼仪
任务内容	与同事交往的礼仪 与领导相处的礼仪 领导应具备的素养
知识点探索	1. 与同事在职场交往时应该注意哪些基本礼节？ 2. 在工作中需要拉帮结派吗？ 3. 与领导在职场相处时应该注意哪些细节？ 4. 向领导汇报工作时应该注意哪些细节？ 5. 如何向领导请假？
任务总结	通过完成上述任务，你学到了哪些知识或技能？
实施人员	
任务点评	

知识链接

13.1 与同事交往的礼仪

子任务一：讨论在职场中如何处理与同事的关系，与同事相处有哪些禁忌。

如果说职场如战场，同事就是你的战友。面对共同的敌人（可能是困难，也可能是竞争对手），你们需要同甘共苦，互助合作。但是，在平时，同事之间保持有分寸的交往是很有必要的，否则在战时亲密无间的战友就有可能倒戈。

13.1.1 基本礼节

1. 同事见面主动问候

见面问候是最基本的礼貌。在同一个单位里共事，即使很熟悉了，碰面后也要问候。主动向他人打招呼可以表达出你的热情，给别人被尊重的感觉。所以，同事见面要主动问候对方，而不是等对方向你问候才做出回应。

2. 用友善的眼光注视别人

眼睛是心灵的窗户，用友善的眼光注视别人，对每个人投以微笑，用友好的方式来表达自己的想法，别人也会以同样的方式来回报你。尊重公司里的每个人，这并非一句口号，需要你切实去贯彻执行。

3. 学会倾听

我们经常讲要学会倾听，你体会一下这个动作——倾下身子，很谦虚地，倾尽全部注意力去听。这样，对方就会倾其所有，知无不言，言无不尽。沟通的目的不是"说"，而是"听清楚，说明白"，要达到双方都完全了解的目的。倾听是对别人的一种尊重，还会赢得他人的信任。专心地听别人讲话是你能给予别人的最好的礼物，对领导要学会倾听，对同事同样要学会倾听，因为人们总是喜欢关注自己的问题和兴趣，当你认真倾听对方谈话时，对方就会有被重视的感觉。

【技能训练】小组讨论以下案例并分析以下问题：张秘书这样做对吗？如果换了你，你打算怎样做？

小林是一位刚从经济管理专业毕业的大学生，毕业前在一家公司实习。他针对该公司管理撰写的毕业论文中的某些观点很受指导老师赏识，他本人也认为对该公司的改革有一定作用。来到该公司工作后，他对论文中的一些观点有更加成熟的看法。因此，小林很想找总经理谈谈。但是，他去找总经理那天，恰好总经理外出开会，只有总经理办公室的张秘书在看当天准备上报的统计表。张秘书很客气地让小林坐下，并告诉小林："总经理不在，有何意见，我可以代为转达。"于是，小林就滔滔不绝地讲了起来。张秘书一边看报表，一边听小林讲，但精神却集中在报表上。小林言谈中常带出"像我们这样的小公司"这样的话，张秘书越听越不高兴。结果，没等小林把话说完，张秘书便满脸怒气地说："公司是否埋没了你的才能？你是大学生，大材小用，为何不去大公司呢？"张秘书的冷嘲热讽激怒了小林，导致双方激烈争吵。最后，小林非常气愤地离开了办公室。

13.1.2 办公室政治

1. 工作能力才是真正的靠山

一家公司，只要时间一长，人一多，员工彼此之间就难免有些恩怨，人与人之间也有亲疏远近之分。

碰到这种情况，你不用担心自己站错了队伍，也没有必要品头论足。只要勤勤恳恳，把分内的事情做好了，就没有人可以指责你。即使有人存心为难你，也很难找到借口。

在工作中，业绩是说话的底气，能力是最大的靠山。

2. 与同事交往，以和为贵

与同事交往时尽量和气，虽然平时可以在一起娱乐，但在工作上还是要就事论事，不徇私舞弊，不搞人身攻击。

在工作中，通过尊重一个人来结交朋友并不难，难的是彼此成为朋友后还保持尊重。有时候，相互再熟，也不能在说话的时候用手指指着别人；借用同事的东西要先打招呼；发生误会要及时解释清楚；与人闹矛盾，也不要带着情绪工作，更不要到处抱怨或者传播小道消息。

如果你被别人误会，能解释就解释，实在解释不了，就坚持做好自己。你要相信"日久见人心"这句话。更重要的是，只要你的业务能力提高了，别人对你的诋毁就很难伤害到你。

小贴士　职场新人不可或缺的八大利器

1．调整心态，不把同事当敌人

同事之间应该是相互合作的关系，而不是相互竞争的敌人。很多人抱有成见，把同事当作阻挡自己前途的人。这样一来，你一定难以在办公室立足，更难以发展。只有互惠互利的关系才可能长久，这是你融入集体而集体也接纳你的一个基本前提。

2．不过问他人的隐私

为了保护自己的安全，每个人都有许多事情是不希望别人知道的。每个同事都有自己不希望别人知道的隐私，即使最要好的朋友，也有不该知道的私事，何况是同事之间呢？所以，不要打听别人的生活状况，除非对方主动向你说起。过分关心别人的隐私是无聊、没有修养的低素质行为。

3．不要把个人感情带入办公室中

每个人都有自己的喜恶，对很多事物的看法和观念都带有自己强烈的感情色彩。但是，你要记住：切勿将个人感情带入办公室中。对于同事和你看法不一致的言论，你可以保持沉默，不要妄加评论，更不能以此为界，划分同类和异己。为了工作，最好能够多点包容，你的包容会赢得同事对你的尊重与支持。

4．提高兴趣，积极参加集体娱乐活动

在闲暇之时，可以与同事一起出去参加娱乐活动，如唱歌、郊游、跳舞、泡吧等，借此增加彼此间的了解。这不仅能让你获得更多的快乐和放松，释放内心的压力，更有助于培养和谐的人际关系。

5．说话要有分寸，不能口无遮拦

因为大家都不很熟悉，所以说话的时候必须注意分寸，不能想说什么就说什么，每说一句话之前都要考虑是否合适。不同的场合，对不同的人，有很多话是不能随意说的，否则会给人留下轻浮、冒失的印象。

6．在经济上分清楚，AA制是最佳选择

对于白领来说，有可观的收入，加上乐于享受生活，所以经常聚餐游玩，这时在经济上最好的处理方法就是AA制。这样大家都没有负担，在经济上都能承受得起。

7．团结协作，彼此尊重

与新同事共处应该注意彼此尊重、配合，只有做到这一点，你才能得到更好地施展才华的机会，在竞争中求得发展。你的领导看中的是你的才能与创意能否在这个集体中发挥出活力，你能否和同事融为一个整体，而不希望你造成集团的不团结。周围的同事更愿意与那些工作能力强、具有团队精神且志趣相近的同事相处。不管在哪个行业，都需要团队配合、同事团结。

8．自愿承担艰巨的任务

虽然每个部门和每个岗位都有自己的职责范围，但总有一些事无法明确地划分到个人，而这些事情往往都是比较繁重的。这时你应该主动承担下来，不管成功与否，这种知难而进的精神会让大家对你产生认同感，你很有可能因此成为这个集体倚重的核心人物。

13.1.3 切勿自娱自乐

在工作中，公司或部门平时会组织一些活动，或聚餐，或旅游。在这个时候，一定要注意组织纪律，听从领导的安排，不要为了抢风头而不管不顾。

例如，去爬山，你想冲在最前面，没问题，但一定要跟领导或负责带队的人打招呼。另外，检查一下手机是否有电、话费余额是否充足，以免你走散了没人能联系到你。

又如，大家一起去KTV唱歌，哪怕你唱歌再好，也不要当"麦霸"。当然，更多的新人可能因为羞涩，干脆躲在一旁与人聊天，自娱自乐。但是，你要想到，既然是一起出来玩的，就不要还待在自己的世界或小圈子里，跟同事或客户在一起玩的时候也忌讳这个。

【技能训练】小贾是公司销售部的一名员工，为人比较随和，不喜欢争执，和同事的关系都比较好。但是，前一段时间，不知道为什么，同一部门的小李老是处处和小贾过不去，有时候还故意在别人面前指桑骂槐。两人合作的工作任务，小李也有意让小贾做得多，小李甚至抢了小贾的好几个老客户。

起初，小贾觉得大家都是同事，没什么大不了的，忍一忍就算了。但是，看到小李越来越嚣张，小贾一赌气，将其告到了经理那里。经理把小李批评了一通。从此，小贾和小李成了真正的冤家。

分析：小贾如何做比较恰当？

13.2 与领导相处的礼仪

子任务二：讨论一个优秀员工应具备的基本素质。

很多人怕领导，见了面也不敢打招呼，甚至走路的时候都要刻意拉开距离。其实，这完全没有必要，领导也是人，也有喜怒哀乐，大家只是在工作上分工不同，多跟领导打交道，能够从他们身上学到不少东西。

13.2.1 尊重领导

要想与领导协调好关系就必须尊重领导。尊重领导是每个下属的必备素质。只有你对领导表示尊重，他才能尊重你。这是因为每个人都有自尊心，领导也不例外，他们都有争取社会承认、希望被人尊重的心理需求。下属对领导不仅要有最基本的尊重，还要尊重领导一些合理的习惯、性格和方式。下属要协调好与领导的关系就应该注意到方方面面，上下齐心，才能把工作做好。尊重领导需要做到以下几点。

1. 不要争辩

在与领导相处的过程中，经常碰到这种情况，领导觉得你的做法是错误的，可是你自己觉得没有错，这时就忍不住去解释，很容易与领导争执起来。所以，我们在与领导探讨问题时，心里要有一个底线，就是不要与领导争辩。

2. 不要越级

有些人感觉自己很有能力，有事情就直接向企业负责人报告，这无疑是向企业负责人表明你与领导关系不融洽，没有把领导放在眼里，这在组织里是不允许的。你的领导比你更重要，你必须维护组织的秩序，在大是大非面前，要讲究原则，除非有重大事件，关系到整体利益的另当别论。

让我们看一个案例。

小丽是某杂志社的一名职员，最近杂志社出版了一本杂志。一天，小丽接到一个电话，电话那边说杂志上有她的一篇文章，希望主编能给她两本杂志。当时主编不在，小丽便爽快地答应了，叫对方随时来拿杂志。主编知道后，大发雷霆，并给予小丽严厉的处分。

这事体现出三个问题。

（1）既然是找主编要书，属下就该转告，而不该代主编做主。

（2）明明可以由主编做主，却被别人莫名其妙地做主了。

（3）好像送杂志不稀奇，小事一桩，可是人人都能做主，企业产品便贬值了。

3. 不要发牢骚

作为公司的一名员工，就应该尽善尽美地完成本职工作，不要对领导提出的要求发牢骚，要知道领导和你的目的是相同的，都是为了使工作更加顺利地完成。我们必须清楚，领导肩上的责任、压力都比你大，不要在领导面前诉苦，因为他不是你的心理医生。

13.2.2　进领导办公室要敲门

进领导办公室的时候，记得要敲门，哪怕门是开着的，也要敲几下，提醒领导："我到了，现在方便进来吗？"

进门后，是否要关门，视情况而定。如果领导习惯开着门办公，就继续开着；如果你来之前门是关着的，那进来后也要关门。通常来说，在讨论一些相对私密的事情（如商业机密等）时，门都会关上；如果只有一男一女，尤其男领导召见女下属时，门会开着或者半开着，除非办公室是用透明玻璃隔开的。

很多人喜欢打听领导的情况，或者问些"领导找你有什么事""刚才领导跟你说了什么"一类的问题。如果你刚从领导办公室出来，碰到这种情况，就挑一些只跟自己有关的事说，对于其他的事还是三缄其口为妙。

13.2.3　汇报工作的礼仪

不管领导找你，还是你主动去找领导，都记得带上纸笔。如果你是去汇报工作的，就要注意以下几点。

（1）要汇报及时，不要等人催。
（2）汇报时要清晰、准确，切忌使用含糊词语。
（3）有条理，控制好时间。
（4）主动解决问题。

【技能训练】领导交代你去Ａ地买某种材料，但Ａ地刚好没货了，你应该如何处理？

13.2.4　请假的礼仪

即使你是一个工作效率很高，很快上手或者有独特优势的职场新人，也不要轻易请假，更不要随便找个借口就去找领导请假，如身体不好、家里有事、学校有事……这是因为你身处一个合作的环境，一个人缺席很可能给其他同事造成不便，而且会让领导对你产生反感。

如果真有急事不得不请假，那么在请假时一定要注意两点。

（1）不能随便超假。你请了两天假，两天过去了，却突然提出要延假一天。这会打乱公司的工作节奏，从纪律的角度来讲，也是不够严肃的。

（2）不要先斩后奏。有些人已经超假了，才想到申请延假。还有些人更过分，根本不会主动为离岗行为做解释。

总之，遵守公司的规章制度，是对领导，也是对公司最起码的尊重。

13.3　领导应具备的素养

子任务三：讨论作为一个领导应该具备的素养有哪些。

领导是团队的核心人物，代表团队的形象。一个好领导至少应该具备以下几种素养。

1. 摆正位置

如果你是第一负责人，就要考虑如何当好班长，如何处理好班长与员工的关系，如何充分发挥助手的作用，如何形成坚强的领导核心。如果你是副职，就应考虑如何起到助手的作用，如何做好配角，该前则前，该后则后，既不能抢镜头，也不能袖手旁观。

在日常工作中，有的主要领导大权独揽，小权也不分散，霸气十足，结果个人累得要死，别人却很清闲，还意见颇多。领导应该适当地分出一部分权力，充分调动大家的积极性。有的主要领导有权无威，没有魄力，虽是司令，却带不了兵。有的副手往往摆不正自己的位置，总是越权行事，只想当红花，不想做绿叶，结果配合不好领导，矛盾频生。所以，每位领导都必须摆正自己的位置，调整好主角与配角的关系。

2. 善于纳谏，准确、果断决策

古人云："兼听则明，偏听则暗。"个人的智慧毕竟是有限的，领导只有相信群众，集思广益，善纳群言，才能使决策准确，切不可自作聪明，独断专行，更不可听风是雨，不加调查，偏听偏信。对于少数人甚至个别人的意见，领导也要注意听取。

对于群众的意见，领导正确的态度是不管好话、坏话，都应该去听，因为往往在好话与坏话之中藏有相反的含义，如果善于分析，就有助于头脑清醒，更有利于正确决策。

3. 善于用人，扬长避短

所谓"千里马常有，而伯乐不常有"，就是说，人才到处都有，只是领导不是伯乐，发现不了人才。那么，作为领导，怎样才能发现人才呢？除了要了解人、认识人，还有很重要的一条——不能要求对方是完人。任何一个人都有长处，也各有短处，我们所要用的是其长处；当然，还要帮助其取长补短，尽量做到完美。在调动人的积极性方面，领导应以表扬为主，以批评为辅，鼓励先进，带动后进，使大家共同前进。要知道，没有哪一个人是甘心落后的。

4. 严于律己，用高尚的品格影响众人

造就卓越领导的，不仅是超凡出众的洞察力，更重要的是良好的品格。领导的品格是决定领导自身价值高低的一个重要方面，也是领导魅力的重要源泉。一位领导如果品德高尚、正直公道、言行一致、以身作则、关心他人、团结同事、严于律己、平易近人，就会使人产生一种敬爱感，就能吸引他人去模仿和认同。

5. 胸怀宽广

领导迈向成功所需的素质必须包括宽容的个性，这一点是极其重要的。在一个集体里，每个人的个性都是不一样的，领导要兼容并蓄，使群体发挥最大的作用。汉高祖刘邦就是一个很好的例子。对于不同性格的人，刘邦都能够宽容地对待，这也是他成就霸业的重要原因之一。

领导在与上级、平级或下级发生矛盾时，应冷静思考。如果是由于自身原因引起的矛盾，就应该主动致歉；如果是由于某种误解而引起的矛盾，就应该主动与对方交换意见，消除误会；如果是由于对方一时不够冷静，耍小孩子脾气，甚至妒忌引起的矛盾，就应该不予计较，让对方自省，以诚感化对方。所谓"大人不见小人怪，宰相肚里能撑船"，讲的就是这个道理，这是每个领导必须具备的涵养与风度。

6. 以广博的知识征服人

"非学无以广才,非志无以成学",知识就是力量,是事业成功的基础。这些人们常说的哲理,对领导来说尤为重要。一个有丰富知识的领导,必定会得到人们的尊重,也容易取得人们的信任,从而增强号召力。反之,若领导知识贫乏,业务不精,就可能在许多问题上一筹莫展,必然会降低领导力。

领导必须具有全面的现代科学知识,建立合理的知识结构。总体来说,领导专业知识要精深,其他方面的知识也应广博。领导不应仅是专才,必须是通才。

【技能训练】分析以下案例中的领导有什么不妥之处。

有一位员工出色地完成了任务,兴高采烈地对主管说:"我有一个好消息,我跟了两个月的那位客户今天终于同意签约了,而且订单金额比我们预期的多20%,这将是我们这个季度价值最大的订单。"但是,主管对他的反应却很冷淡:"是吗?你怎么今天上班迟到了?"员工说:"二环路上堵车。"主管严厉地说:"迟到还找理由,都像你这样,公司的业务还怎么做!"员工垂头丧气地回答:"那我今后注意。"员工一脸沮丧地离开了主管的办公室。

实训演练

作为一个职场新人,你将如何和同一个团队的同事和领导沟通?说一说你的想法。

美育课堂

清白做人、廉洁为官的传统清廉文化

清廉思想在我国古已有之,远古部落的"均食"理念被视为我国传统清廉文化的萌芽。部落首领的禅让制给后世留下了"有德者居之"的佳话。皋陶提出的"九德"之一的"简而廉",是关于我国传统廉政文化最早的记载。这种"清廉"文化传统,在历代君主、官吏及百姓的言谈举止中赓续传承、丰富发展,对中华民族的演进具有举足轻重的影响。

1. 主张为政以德

德与廉紧密相连,与政密不可分。传统清廉文化对各级官吏的政德、官德有很高的要求,提倡做官清廉,要讲礼义廉耻。孔子说:"为政以德,譬如北辰,居其所而众星共之。"这句话的意思是,为政者如果有高尚的道德,民众就会像群星环绕北斗星一样拥戴他。

2. 强调修身律己

孔子提出"见贤思齐焉,见不贤而内省也",曾子主张"吾日三省吾身"。儒家主张的修身虽然是自我修养,是"内圣",但并不只是要求独善其身、洁身自好,而是强调修身的最终目的是达到"外王",实现齐家、治国、平天下的理想。

3. 倡导节俭朴素

"俭，德之共也"，从王侯将相到诗礼之家，再到平民百姓，都把尚俭作为一种美德来提倡和践行。老子主张"少私寡欲""知足常乐"。诸葛亮说"静以修身，俭以养德"，揭示了清静节俭与修身进德的关系。唐代著名诗人李商隐在《咏史》一诗中写下"历览前贤国与家，成由勤俭破由奢"这一脍炙人口的千古名句。

4. 注重以制治吏

制度如渠，行为如水。好的制度既可以引导众人的行为，又可以对行为不当者加以惩处。为监察各级官吏的执政活动，弹劾其不法行为，维护政治清明，保证官吏廉洁，古代统治者建立了较为完整的廉政保障制度，其中作用尤为突出、被历朝广泛运用的是监察制度和御史制度。

项目六 多元文化的交织碰撞
——跨文化交际素养

学习目标

知识目标

熟悉不同文化的起源和发展；

掌握处理跨文化差异的技巧；

掌握跨文化商务沟通的不同交流方式。

能力目标

能够理解多元文化的背景和存在意义；

能够有效运用语言交流和非语言交流方式开展跨文化商务沟通；

能够运用跨文化交易知识分析文化差异的原因，克服文化障碍。

素养目标

提高多元文化欣赏能力；

培养学生的跨文化沟通交际能力；

树立民族自豪感和文化自信。

知识结构

多元文化的交织碰撞——跨文化交际素养

- 影响思维方式的不同文化
  - 中国文化的渊源及其影响
  - 我国少数民族的交际礼仪习俗
  - 西方文化的渊源及其影响
  - 中西文化差异

  〔情景导入 / 任务清单 / 知识链接 / 实训演练 / 美育课堂〕

- 跨文化商务沟通
  - 跨文化商务沟通中的非语言交流
  - 跨文化商务沟通中的语言交流
  - 跨文化交际冲突
  - "一带一路"与跨文化交流

  〔情景导入 / 任务清单 / 知识链接 / 实训演练 / 美育课堂〕

任务十四　影响思维方式的不同文化

情景导入

跨文化背景下的商务沟通

初入职场，李冰发现在国际商务谈判桌上，来自不同国家的谈判者往往印有各自的文化烙印。那么，不同国家的文化差异都体现在哪些方面呢？

任务清单

任务书	
学习领域	影响思维方式的不同文化
任务内容	中国文化的渊源及其影响 我国少数民族的交际礼仪习俗 西方文化的渊源及其影响 中西文化差异
知识点探索	1. 讨论我国各民族在文化上有哪些独特性。 2. 讨论中国人在商务谈判中的沟通习惯。 3. 讨论世界各国文化对于"准时"的认知。 4. 举例讨论汉语中的委婉语特点。 5. 举例说明中西文化差异。 6. 举例说明中国文化对商务礼仪的影响。
任务总结	通过完成上述任务，你学到了哪些知识或技能？
实施人员	
任务点评	

> **知识链接**

文化是一个民族特有的历史性经验和规范的积淀，需要学习和了解。了解了文化就能感知文化深邃的功力。然而，东西方文化因为各自的社会发展环境和历史背景的不同，具有各自鲜明的特征。

14.1 中国文化的渊源及其影响

子任务一：举例说明中国文化对商务礼仪的影响。

中华民族长期以来主要生活在黄河流域、长江流域、珠江流域等沿河区域，在固定居所附近从事农业耕作，随着时间的推移，通过长期积累沉淀形成了以农耕为特色的文化风俗体系。农耕文化将各类宗教文化和儒家文化集合于一身，形成了独特的文化内容和特征，主要包括思想哲学、语言艺术、社会风俗、礼仪规范等。

中国传统文化充分体现了中华民族以"刚健有为""和与中""崇德利用""天人协调"为基本特点的精神形态。《周易·大传》中有"天行健，君子以自强不息；地势坤，君子以厚德载物"的说法，"自强不息""厚德载物"充分体现了中国传统文化的基本精神。

长期以来，中国人形成了"重人论，轻器物"的遵从权威的人治思想、"以道德为本位"的反功利主义的价值取向、"重综合，轻分析"的宏观处事原则、"重意会，轻言传"的谦和隐讳原则、"崇尚群体意识，强调同一性"的依附集体合作的团队精神，以及追求人与自然的和谐统一、对立互补原则等。

在中国文化的历史发展长河中，中国人形成了独特的价值观，主要表现为以"仁爱、礼谦、顺从"为核心的道德价值体系，其主要特点如下。

（1）天人合一、顺天应物。中国文化认为人与自然是和谐统一的，将很多不能解释的自然现象归为天意，主张一切顺应天意。

（2）家族伦理本位。中国文化大家族制度长期是社会管理的重要组成部分，形成以家族为核心的社会群体，维护家族群体的利益是群体和个体长期追求的目标，并受家族制度和规约的严格管束和限制。

（3）贵和尚中。中国人倡导"君子和而不同"的理念，追求中庸之道的处世原则和策略。

中国人往往看重言论的力量，这种理念成为中国文化的突出特点。人们推崇含蓄、隐讳的交流表达方式，注重权威人士的言论与看法，喜好引经据典。

> **小贴士** 中国式商务谈判的特点

1. 买卖不成仁义在

这句话的意思通常指谈判双方针对谈判内容进行博弈，尽管生意没有做成，但彼此间的情谊还存在，不会为此伤了情谊。中国人进行商务谈判，必定期望买卖成，情谊也在，两者兼得。

2．亲兄弟，明算账

在中国式家族公司中，我们可以发现许多由于没有"明算账"而致使公司拆解的案例。当两家公司有亲情联系时，商务的天平就无法"一碗水端平"，致使双方在协作进程中都觉得自己吃亏了，进而影响商业往来。

3．职位要对等

职位要对等，等级要对等，对方是副总经理参与，我方当然也要派副总经理参与，除非我方十分注重这次谈判。所以，在谈判人员的组织上面，事先询问对方谈判人员的职位，然后决定己方谈判的阵容。

【技能训练】谈一谈你眼中的中国商务文化礼仪。

14.2 我国少数民族的交际礼仪习俗

我国是一个统一的多民族国家，共有 56 个民族。汉族约占我国全国总人口的 94%，少数民族人口不多，但分布极广，占全国总面积的 50%～60%。商务人员尊重各民族的风俗习惯，有利于各民族平等与团结，有利于民族传统文化的保护和发展。因此，了解各民族的风俗和礼仪在商务沟通中是十分必要的。

1．藏族礼仪

藏族主要分布在西藏自治区及相邻的四川、青海、甘肃、云南等省的部分地区。

藏族人很重视礼仪，遇有亲朋好友出门或从异地返乡，便要送行或接风。每人均携带黄酒一瓶、小杯一只，瓶口杯沿沾酥油三滴，象征万事如意。大家见面后，说一套吉利话；饮酒时高举酒杯，用手指蘸酒朝天弹三下，然后将酒饮尽。藏族人迎亲、送亲，也流行这套礼节。

藏族人互相见面时，习惯伸出双手，掌心向上，弯腰躬身施礼。有些藏族人在与人见面时，还有点头等习惯，对方应点头微笑答礼。初次见面或迎接尊贵的客人，藏族人还有献哈达的习惯。"哈达"在藏语中的含义是纱巾或围巾，以白色为主，也有浅蓝色或淡黄色的。哈达无论在婚、丧、庆、吊中都可作为礼品使用。藏语的"哈"是"口"的意思，"达"是"马"的意思，"哈达"两字直译出来，就是口上的一匹马，就是说这种礼物相当于一匹马的价值。

敬献哈达是藏族人对客人最普遍、最隆重的礼节，献的哈达越长越宽，表示礼节越隆重。对尊者、长辈献哈达，要双手将哈达举过头顶，身体略向前倾，把哈达捧到座前。对平辈，只要把哈达送到对方手里或手腕上就行；对晚辈或下属，就将哈达系在他们脖子上。不鞠躬或用单手送哈达，都是不礼貌的。接受哈达的人最好做和献哈达的人一样的姿势，并表示谢意。

藏族人在见面打招呼时，点头吐舌表示亲切问候，受礼者应微笑点头为礼。有客人来拜访，藏族人等候在帐外，目迎贵客光临。藏族人见到长者或尊敬的客人，要脱帽躬身 45 度，将帽子拿在手上接近地面；见到平辈，头稍低就行，将帽子拿在胸前，以示礼貌。藏族人男女分坐，习惯男坐左边，女坐右边。

有些藏族人在进餐前先用手蘸酒在桌上滴三滴，这是表示敬佛。

藏族人对客人有敬献奶茶、酥油茶和青稞酒的礼俗。有客人到藏族人家里，主人要敬三杯青稞酒，不管客人会不会喝酒，都要用无名指蘸酒弹一下。如果客人不喝、不弹，主人就会端起酒边唱边跳，前来劝酒。如果客人酒量小，可以喝一口，就给添酒。客人连喝两口酒后，主人添满杯，客人再一饮而尽。这样，客人喝得不多，主人也很满意。按照藏族习俗，主人敬献酥油茶，客人不能拒绝，至少要喝三碗，喝得越多越受欢迎。

藏族人对客人必以酥油茶招待。敬酥油茶的礼仪是：客人坐在藏式方桌边，女主人拿一只镶着银边的小木碗放在客人面前，接着给客人倒上满碗酥油茶，主客开始聊天。等女主人再提壶来，客人就可以端起碗来，轻轻地往碗里吹一圈，然后呷上一口，并说些称赞茶打得好的话。等女主人第三次提壶来时，客人呷上第二口茶。客人准备告辞时，可以多喝几口，但不能喝干，碗底一定要留点漂着油酥花的茶底。

藏族人最忌讳别人用手抚摸佛像、经书、佛珠和护身符等圣物，认为是触犯禁规，对人畜不利。

2. 维吾尔族礼仪

维吾尔族主要居住在新疆维吾尔自治区，有自己的语言和文字。维吾尔族人非常重视礼貌，接待客人，习惯把手按在胸部中央，将身体前倾30度或握手，并连声说："您好。"维吾尔族院落的大门禁忌朝西开，忌讳睡觉时头朝东脚朝西，所以在给维吾尔族人分配房间、安放卧具和枕头时，特别要注意。

维吾尔族人对长者很尊敬，走路、说话、就座、就餐等，都先礼让长者。与亲朋好友见面时，必须握手问候，互道"撒拉木"。有一定身份者和知识分子多用右手抚胸，躬身后退一步说："亚克西姆赛斯。"汉族人与维吾尔族人相见时，只要握手即可。

维吾尔族人请客人坐在靠大墙的一边，以表示尊敬。吃饭时，客人应跪坐，以表示对主人的尊敬。主人一般请客人动手先吃，出于礼貌，客人应回让主人。

维吾尔族人热情好客，有时喜欢送一些食物给服务员。如果服务员坚决拒绝，他们就会不高兴；当婉言拒绝不行时，要用双手接受，忌用单手接东西。

到维吾尔族人家里做客，进门前和用餐前女主人要用水壶给客人冲洗双手，一般洗三次。维吾尔族人习惯一人专用茶杯，在住宿期间不换。当第一次给茶杯的时候，维吾尔族人会当着客人的面，把茶杯消毒。客人在屋里就座的时候，要跪坐，忌双腿直伸、脚朝人。在着装方面，维吾尔族衣忌短小，上衣一般过膝，最忌在户外穿短裤。

3. 蒙古族礼仪

蒙古族人热情好客，讲究礼仪，有客必热情款待，宴饮必备各种酒，主人和客人必须畅饮。来客不分主客，谁的辈分最高，谁就坐上席位置。蒙古族人接待客人会按照欢迎、欢送、献歌、献全羊等程序进行，在程序中要敬酒或吟诵。

蒙古族人对尊贵的客人用"德吉拉"礼节：主人手持一瓶酒，在酒瓶上糊酥油，先由上座客人用右手指蘸瓶口上的酥油抹在自己额头，客人再依次抹完；然后，主人斟酒敬客。客人要一边饮酒，一边说吉祥话，或唱酒歌。

14.3　西方文化的渊源及其影响

西方文化的形成与发展有其独特的渊源，主要受希伯来文化、古希腊与古罗马文化和基督教文化等的影响。马修·阿诺德曾指出，希伯来文化和古希腊文化——西方的世界就在这两极之间运动。

1. 希伯来文化

希伯来文化对西方文化的影响很大。希伯来文化源于最初住在阿拉伯半岛的希伯来人。希伯来人北迁到两河流域，发展了古巴比伦文化和苏美尔文化。公元前1800年前后，希伯来人又从两河流域向北、向西迁移和发展。"希伯来"的原意就是"从大河那边来的人"。希伯来人是游牧民族，他们往往是通过感知来认识世界的，往往将实物与其功能联系在一起，进而形成了以追求"实用、公正、道德"为基础的希伯来文化特征。

2. 古希腊与古罗马文化

古希腊与古罗马文化是欧洲文化的摇篮。古希腊位于欧洲南部与地中海东北部，特定的地理条件使古希腊人主要靠经商、做海盗和开辟海外殖民地来求得生存。这种生存环境造就了古希腊人向往自然、富于想象、崇尚智慧和力量的民族性格，也培育了古希腊人追求现实生活、注重独立和强调个性的文化价值观念。"对真理的渴求、明晰的头脑、敏锐的洞察、深刻的判断"是古希腊文化的特点。古希腊文学、哲学、艺术等都表现了古希腊人对宇宙、自然与人生的理解与思考。随着古希腊文化的衰落，古罗马文化在继承古希腊文化的基础上得以发展。

小贴士　西方文化的特点

在西方文化的历史发展长河中，西方人形成了独特的价值观，主要表现为以"自由、平等、科学"为核心的功利性价值体系。西方文化的主要特点如下。

1. 强调个人本位

（1）西方文化强调"自我"概念。在西方社会里，人们都相信自己具有"独立的个性特征"。这种特征在语言中也有反映。

（2）西方文化强调"隐私"概念。在西方社会里，人们都认为自己有权拥有独立的隐私，如年龄、婚姻状况、薪酬等都被认为是个人隐私，如果涉及便被认为是冒犯。

（3）西方文化强调"个性自由和个性发展"概念。西方社会很注重个人的自由抉择，注重自我实现和个人发展，每个人都有机会通过努力来实现自己的目标，取得自己的成就，重视个人的成就观。

2. 崇尚人与自然对立的理性精神

西方人认为客观实际与实践能力决定一切，这种理念成为西方科学文化的突出特点。人们推崇抽象思维方式，注重表象与内涵之间的联系，喜欢观察、思考和推理。

【技能训练】谈一谈你眼中的西方国家商务文化礼仪。

14.4 中西文化差异

子任务二：结合实际情况，你认为怎样才能处理好中西文化差异给国际商务谈判带来的问题和困扰？

1. 善与恶的初始性差异

中国文化认为"人之初，性本善。性相近，习相远"。

西方文化认为"Man is born evil"（人之初，性本恶）。

2. 静与动的观念性差异

中国文化属于静态文化，主张求静、求稳，注重情义，强调在和谐中竞争，如"得饶人处且饶人，不可赶尽杀绝"等观念，在语言表达方面体现为含蓄、隐晦。

西方文化属于动态文化，主张求动、求变，注重规则，强调在竞争中和谐，如"First come, first served"（先到先得）等观念，在语言表达方面体现为坦率、直白。

3. 过去与未来的取向差异

中国文化注重过去性倾向，强调历史和经验。例如，中国人对一个人的评价往往以其过往的业绩作为评判标准。另外，还有"家有一老，如有一宝"等说法，"老练""老谋深算"（精明干练，考虑问题周密）、"郭老"（对年老位尊、传授学术之人的尊称，也泛称那些在文化、技艺传授方面有造诣的人）等都是这一倾向的表现。

西方文化注重未来性倾向，强调潜力，往往以人的才干作为评判标准。

4. 精神和现实的取向差异

中国文化注重精神层面，如"天降大任于是人也，必先苦其心志，劳其筋骨，饿其肌肤""天生我材必有用"等说法，以及尊人卑己的社交原则等。而西方文化关注的是现实层面，如平等的社交原则。

5. 群体与个体的取向差异

中国文化强调群体的依赖性，如宗族制度，以及"团结就是力量""一个好汉三个帮"等说法。而西方文化强调个体的独立性，在教育方面注重培养学生个体的兴趣和能力。

实训演练

我国是一个统一的多民族国家。在长期的历史发展进程中，广大少数民族人民和汉族人民一起，为缔造伟大的祖国，为创造祖国的历史和文化，都做出了伟大的贡献。小组展示汇报我国自古以来各民族文化交融的故事。

美育课堂

我国少数民族经典节日

我国是一个统一的多民族国家，也是世界上民族最多的国家，共有56个民族，其中有55个民族是少数民族。每个民族都有特点，都有着与众不同的地方。

以下是一些少数民族的典型节日。

1. 泼水节

泼水节是我国傣族、阿昌族、布朗族、佤族、德昂族等少数民族和中南半岛某些民族的新年节日。泼水节是傣族一年中最盛大的传统节日，也是在云南少数民族中影响面最大、参加人数最多的节日。

2. 火把节

火把节是彝族、白族、纳西族、基诺族、拉祜族等民族的古老而重要的传统节日，有着深厚的民俗文化内涵，蜚声海内外，被称为"东方的狂欢节"。

3. 那达慕大会

"那达慕"是蒙语的译音，意为"娱乐、游戏"，表示获得丰收的喜悦之情。那达慕大会是蒙古族历史悠久的传统节日，在蒙古族人民的生活中占有重要地位。大会内容主要有摔跤、赛马、射箭、套马、下蒙古棋等民族传统项目，有的地方还有田径、拔河、篮球等体育项目。

4. 藏历年

藏历年是藏族人民的传统节日。藏历年是根据藏历推算出来的。从藏历元月一日开始，到十五日结束，持续15天。藏族信仰佛教，在节日活动中洋溢着浓厚的宗教气氛。藏历年是一个娱神和娱人、庆祝和祈祷兼具的民族节日。

5. 三月三歌节

三月三歌节是壮族的传统节日，亦称三月歌圩。广西素有"歌海"之称，壮族每年有数次定期民歌集会，其中以农历三月初三最为隆重。1985年，广西壮族自治区人民政府把"三月三"定为文化艺术节。

任务十五　跨文化商务沟通

情景导入

李冰代表所在公司与一家外企洽谈。在几次会议接洽之后,她发现除了语言上存在差异,对方公司的沟通方式跟国内企业也有很大不同。为了获得更好的合作成果,她应该如何更有效地与这家外企沟通呢?

任务清单

任务书6.2	
学习领域	跨文化商务沟通
任务内容	跨文化商务沟通中的非语言交流 跨文化商务沟通中的语言交流 跨文化交际冲突 "一带一路"与跨文化交流
知识点探索	1. 对于初识不久的新同事,你认为怎样的交际距离才是合适的? 2. 讨论不同文化背景下对于色彩的偏好是怎样的。 3. 讨论不同文化下,如何通过面部表情表达个人的情绪。 4. 举例说明世界各国的手势表达差异。 5. 讨论"一带一路"背景下,跨文化交流会存在哪些语言和非语言的文化差异?
任务总结	通过完成上述任务,你学到了哪些知识或技能?
实施人员	
任务点评	

> 知识链接

15.1 跨文化商务沟通中的非语言交流

子任务一：对于初识不久的新同事，你认为怎样的交际距离才是合适的？

沟通方式总体可以分为非语言交流和语言交流两大类。在国际商务沟通中，无论是非语言交流还是语言交流，都会因文化的不同而受到影响。

非语言交流主要有以下形式。

1. 人体语

人体语主要包括手势、目光接触、姿态、服饰和面部表情等。同样的手势在不同的文化中可能有不同的意思。例如，在美国，将大拇指和食指放在一起形成"O"形，其余三个手指自然伸开，表示"OK"，即"好"或者"行"的意思，但在其他地区就可能有不同的意思。

目光接触是交流中的一个重要方面。人们常说眼睛是心灵的窗户、眼睛会说话，不同文化背景的人对于在交流中目光接触有不同的习惯。一般而言，阿拉伯人和拉丁美洲人在交流过程中的目光接触多于西欧人和北美人，北欧人、亚洲人在交流过程中的目光接触少于西欧人和北美人。例如，在中国人与美国人的交流过程中，美国人习惯看着对方的眼睛，表示自己对说话内容很感兴趣，愿意交流，而中国人对这种方式很不习惯，甚至认为很不礼貌。中国人不太习惯在交流过程中大量使用目光接触，这种眼神回避会让美国人认为对方没有交流的兴趣。

在交流中身体接触与否也会因文化不同而有差异。在一些文化中，人们广泛应用拥抱、碰头、握手、亲吻等身体接触方式，而在另外一些文化中，人们在公开场合很少有身体接触。

阿克斯特尔对不同文化背景的人在交流中的身体接触情况进行了研究，结果如表 15-1 所示。

表 15-1　不同文化背景的人在交流中的身体接触情况

不 接 触	中 间 情 况	接 触
日本、美国、加拿大、英国、北欧	澳大利亚、法国、中国、爱尔兰、印度、中东国家	拉丁美洲、意大利、希腊、西班牙、葡萄牙、俄罗斯、部分亚洲国家

2. 空间语

空间语就是利用空间来表达某种意思或含义。在交流过程中，人与人之间的空间距离因文化背景不同而不同。例如，英国人和瑞典人喜欢保持较大的距离，意大利人和希腊人在交流时的距离近一些，而南美洲人和阿拉伯人习惯近距离交流。

空间布局也可以反映不同的文化。中国传统的四合院就体现了中国文化中的"仁"和"礼"，长辈、尊者住在中轴线上的正房，晚辈住在偏房，体现了"礼"中的长幼尊卑的区别，而这些人在一个院子中一起生活又体现了相互关爱的"仁"，反映了中国集体主义文化。欧美人房屋布局的一个很大的特点就是房间与房间之间完全隔开，即使父母与子女之间也要相互尊重个人隐私，体现了高度的个人主义文化。

在公开和正式场合，在一些国家和地区，人们利用不同的座次安排来体现尊卑。这种现象在高权力距离的中国和日本比较普遍。例如，在开会或聚餐时，在大多数情况下，座次安排是从级别高的人到级别低的人，或者从年长者到年幼者。

中国人在熟人之间交谈时习惯于并肩而坐，很多人在一起聚会时，倾向于与坐在旁边的人交谈，而北美人在交谈时习惯于相对而坐，很多人在一起聚会时，倾向于与坐在对面的人交谈。

3. 时间语

不同文化对于时间的观念不同，时间语在跨文化国际商务沟通中可能引起误解。人们对时间的看法可以分成两类——单向性时间和多向性时间。在单向性时间文化中，人们对时间的认识是线性的，是可以控制使用的，事情应该一件一件去做，在一个特定的时间段内集中处理一件时间，所以人们非常注重时间表的安排。在多向性时间文化中，人们习惯在一个时间段内同时处理几件事情，最重要的是有哪些人参与处理事情，而不是按时完成任务。所以，在这种文化中，时间表的重要性让位于人际关系的重要性。

例如，中西方文化对于约会的认识就不同。中国人赴约，常常在约定的时间之前到达，以此表示礼貌。英美人的时间观念与中国人不同，提前到达并不礼貌，他们总是正点到达或者略微迟一些到达。中国人经常不经预约就去拜访朋友，这在英美人看来是侵犯个人隐私的极不礼貌的行为。不期而至的不速之客，即使父母到了子女家门口，也未必受欢迎，因此总要打电话问一问，问对方是否方便接待。

在跨文化国际商务活动中，具有单向性时间文化背景的人非常注意按时到会，而且会议严格按照预定的计划在规定的时间内完成，以便进行下一步的工作；在多向性时间文化背景下，到会迟到和会议延时是很普通的现象。

4. 色彩语

不同的文化对色彩的使用有不同的偏好，同一种颜色在不同的文化中的含义不尽相同。例如，在中国，人们在服丧时穿白色的服饰，而在美国穿黑色的衣服。中国人将红色看成喜庆幸运的颜色，所以在婚礼上，新娘的传统服饰是红色的，而美国的新娘一般穿白色的服饰。在智利，送黄玫瑰表示"我不喜欢你"，而在美国意思刚好相反。

5. 沉默

对于沉默的理解东西方文化有很大的不同。在西方文化中，过于沉默代表消极，即使碰到尴尬的问题，也应该用声音回应一下，表示礼貌，而东方人则会以沉默来回答。在亚洲文化中，保持沉默并非一定表示被动的行为或否定的态度，而可以简单地意味着需要时间来消化这些信息。所以，对于沉默而言，需要把这种态度放在一定的背景中来看待。在中性文化中，人们在很多时候宁愿少说话。例如，中国人比较强调"沉默是金""言多必失"，过多的话语往往给人浮躁、不稳重的感觉；相反，少说话给人成熟、稳重的印象。又如，日本人可以长时间不言不语地坐在一起，而不会感到不适，而对欧洲人和北美人来说，长时间沉默不语很快会让人感到不安和尴尬。

> **小贴士　交际距离**
>
> 1. 亲密距离
>
> 亲密距离又叫私人距离。亲密距离在 0.5 米以内，多用于情侣或夫妻之间，也可以用于父母与子女之间或知心朋友之间。两个成年男子之间一般不采用此距离。
>
> 2. 社交距离
>
> 社交距离一般为 0.5~1.5 米，表现为伸手可以握到对方的手，但不易接触到对方的身体，这一距离对讨论个人问题是很合适的。绝对不要把对方逼到墙边，否则对方会觉得被囚禁起来了，因而有压迫感。记住，给别人留下转身的空间，这意味着他能自由转身走开。
>
> 3. 礼仪距离
>
> 礼仪距离为 1.5~3 米，该距离主要适用于向交往对象表示特有的敬重，或用于举行会议、仪式等。
>
> 4. 公共距离
>
> 公共距离指大于 3 米的空间距离，一般用于演讲。公共距离又称大众距离或者"有距离的距离"，主要适用于与自己不相识的人共处。

【技能训练】分组讨论各国商务人士不同的非语言交流习惯。

15.2　跨文化商务沟通中的语言交流

子任务二：举例说明中英文表达的差异。

语言交流分为口头交流和书面交流两种方式。跨文化交流中的障碍首先是由于语言的不同。每个民族都有自己独特的语言，有独特的发音、拼写规则、符号、语法规则等，这些为跨文化沟通带来了最直接、最明显的障碍。语言具有复杂性，即使使用翻译，也常常产生误会和冲突。

不同语言之间常有冲突词汇，即两种语言中那些字面意义相同，但引申意义不同，甚至褒贬含义截然相反的词汇。例如，鹤在中文、日文、英文和法文中的字面意思都是指一种水禽。鹤在中国和日本被称为仙鹤，是长寿的象征；然而，它在英国被看作丑陋的鸟。猫头鹰在中国常有不吉祥的含义，而在欧美是智慧的象征。喜鹊在法国是懒汉的代称；在牛郎织女的神话故事中，喜鹊搭桥为牛郎和织女会面提供方便；而在西班牙，喜鹊被人们看成贼鸟。在中国、新加坡等华人比较多的地方，人们经常在贺年卡上采用蝙蝠图案，取"福"的谐音，以图吉利，而讲英语国家的人却害怕蝙蝠。

由于高语境和低语境文化的差异，不同国家在语言交流风格上有所不同。

1. 直接或间接

在高语境文化中，信息编码不是非常清晰的，而且往往用间接的方式来表达意思，这与集体主义文化有一定的关联。在信息交流过程中，各个信息交流主体相互之间都非常了解，沟通并不只是依赖语言，说话的语气、面部表情、身体动作、个人关系等都在沟通中起到很重要的作用，因此不需要将话讲得很直接、很清楚。在低语境文化中，信息编码非常清晰，而且表达方式直截了当，沟通的目的性很明确，这与个人主义文化有一定的联系，人们相互之间不是特别了解。

例如，一个人被通知去参加某个会议，如果被通知者要向通知者提问，具有高语境文化背景的人通常先问"参加会议的人都有哪些"，而具有低语境文化背景的人则首先会问"会议是有关什么内容的"。所以，具有高语境文化背景的人更多地关注会议的整体环境，通过知道参加会议的人来间接地了解会议的大致内容和是否重要，而具有低语境文化背景的人则对会议的议题或要解决的实际问题更感兴趣。

2. 详尽、简明或适量

这是指在交流过程中的信息量的大小。在一些高语境文化中，人们详尽的沟通很普遍，说话的内容非常长，喜欢将很多细节问题包括进去，而且同样的内容经常被重复。这种沟通方式在阿拉伯国家很常见，这种沟通风格体现了一定程度的不确定性。在另外一些高语境文化中，人们的表达非常简短，除了语言，人们还通过一些看起来不经意的东西、停顿甚至沉默来表达一些意思，特别是在陌生的环境中，人们通过简短的语言来避免犯错误或者丢面子。这种沟通风格体现了较高程度的不确定性规避。

在低语境文化中，如英国、德国、瑞典等国家，人们在沟通过程中很强调表达的精确性和适当的信息量。如果话说得太多，人们就会认为是夸大其词，而如果说得太少，表达就会不清楚而不被人理解或产生歧义，这种沟通风格体现了较低程度的不确定性规避。

3. 背景或个人

背景风格强调在沟通中体现沟通主体之间的关系，通常用一定的表达来反映沟通主体的角色或相互之间的差异或等级。例如，在中国，人们在与尊者谈话时会用"您"来称呼对方，不能直接叫对方的名字，而要尽量用一定的头衔来称呼对方。这种沟通风格体现了较大的距离、一定程度的集体主义和高语境文化。

个人风格正好相反，在沟通中尽量减少一切引起沟通障碍的因素，忽视沟通主体之间的差异或等级。例如，在美国，人们更习惯直呼其名，即使对家长或领导也是如此，而且一般不用正式的头衔称呼对方。这种沟通风格体现了较小的距离、一定程度的个人主义和低语境文化。

4. 情感或工具化

在情感风格中，沟通是过程导向的，要求信息的接收方仔细注意信息的内容和信息是如何表达的。很多信息经常是用非语言方式表达出来的，这就要求接收者非常善于捕捉，因为这些没有用语言表达出来的信息可能与语言信息一样重要。这种风格往往与一定的集体主义和高语境文化相联系。

在工具化风格中，沟通的目标导向很清楚。沟通的重点在于信息的发出者，他会用清楚的语言来让别人知道他要表达的意思。这种风格往往与一定的个人主义和低语境文化相联系。

在交流过程中，个性或情绪化文化维度对交流风格的影响也比较大，这在情感表达与接受赞美时表现得尤为充分。例如，中国人不是直接地，而是委婉、含蓄地表达自己的情感；在得到赞美时也常常表现得很谦虚，即使内心接受了，也不会正面承认，因为谦虚是中华民族的传统美德。相反，英美人会直接、坦率、大方地表达自己的情感，一旦得到赞美，便欣然接受并表示感谢，认为真实的赞美是理应接受的。另外，西方人接受某人的帮助时总是说"谢谢"，而中国人回复说"这是我应该做的"。此时，西方人会误以为中国人帮助他是出于无奈的责任和义务，因为这是"工作"。按照西方人的习惯，应该回答"我很愿意为您帮忙"。

> **小贴士** 10个国家交流风格的比较

表15-2所示为10个国家交流风格的比较。

表15-2 10个国家交流风格的比较

国　家	直接或间接	详尽、简短或适量	背景或个人	情感或工具化
澳大利亚	直接	适量	个人	工具化
加拿大	直接	适量	个人	工具化
丹麦	直接	适量	个人	工具化
埃及	间接	详尽	背景	情感
英国	直接	适量	个人	工具化
日本	间接	简短	背景	情感
韩国	间接	简短	背景	情感
沙特阿拉伯	间接	详尽	背景	情感
瑞典	直接	适量	个人	工具化
美国	直接	适量	个人	工具化

【技能训练】

1. 阅读以下案例，分析副总裁和李冰为什么会有不同的感受。

美国籍副总裁跟李冰交谈，表示他很想听听她对自己今后5年的职业发展规划及期望达到的位置。

李冰并没有正面回答问题，而是开始谈论起公司未来的发展方向、公司的晋升体系，以及目前她本人在组织中的位置等。她说了半天也没有正面回答副总裁的问题。副总裁有些疑惑不解，没等她说完就已经不耐烦了。

谈话结束后，副总裁忍不住向人力资源总监抱怨道："我不过是想知道这位员工对于自己未来5年发展的打算，想要在我们公司做到什么样的职位而已，可为什么就不能得到明确的回答呢？"

"这位副总裁怎么这样咄咄逼人？"在谈话中受到压力的李冰也向人力资源总监诉苦。

2. 分组讨论并演示跨文化管理案例。

15.3 跨文化交际冲突

子任务三：举例说明跨文化交际冲突。

跨文化交际中的冲突有很多，这里仅以时间观念冲突、委婉语冲突、隐私冲突为例，探讨这些冲突的表现和可能的冲突原因。

1. 时间观念冲突

时间是客观物质存在的基本形式之一，是物质形态交替的序列。时间具有客观性和可感知性。人们对于客观时间的感知和认识来源于社会实践。具有东西方不同文化背景的人在社会实践和思维方式上存在差异，时间观念也是千差万别的。这些差异在跨文化交际中就会形成障碍或干扰，影响交际的有效进行。

不同文化对时间有不同的理解。有些文化认为时间是一个圆，周而复始；有些文化认为时间是一条线，有去无回。这种对时间的不同认知影响了人们的行为方式。认为时间是一条线的人（如北美人、大部分欧洲人），总是急匆匆的，分秒必争，因为在他们眼里，时间一去不回，是有限的资源，浪费不得；认为时间是一个圆的人（如非洲人、中东人），表现得总是很悠闲，因为在他们眼里，日落还会日出，冬去春来，不着急。

东方人与西方人对时间的不同认知决定了人们支配时间的方式有所不同。在对时间的分配和利用上，大体有两类人，人类学家称为遵守单时制的人和遵守多时制的人。

遵守单时制的人通常也就是把时间看成一条线的人。他们认为时间在行进、在流逝，一旦流逝便无法挽回。他们还认为时间是有始有终的，并能够用时钟或日历来衡量。所以，西方人对待时间的态度十分精确，凡事精确到分，甚至秒。

预约是西方人普遍的社会习惯，越是重要的活动越是要提前约定或计划好。父母、子女之间相互探望也要预约时间。时间在西方社会里几乎是一种商品，因此是实在的、有价值的。西方的大众杂志经常刊登建议人们如何省时有效地购物、烹饪、打扫房子、教养孩子、修剪花圃的相关文章。在西方某杂志商务专栏上，有自称"效率专家"的作者，撰文建议一种有效利用时间的方式，在入睡时调动潜意识制订第二天的活动计划。这样一来，人的睡眠时间就可以充分利用，而不至于被浪费掉。遵守单时制的人注重时间表，强调事先安排；他们习惯在同一时间、同一地点只处理一件事，处理完第一件事后再处理第二件事。

遵守多时制的人通常就是把时间当成一个圆的人。他们认为时间的变化与自然规律相协调，如昼夜交替、季节往复、月份轮流、年龄更迭、植物周期生长，都是周而复始的周期性循环运动。这种循环不已的时间观使东方人在时间上显得很富有，可以比较随意地支配时间，做什么事都不着急。例如，开会时经常有人迟到，一般要比通知时间晚半小时才能开始，而且通常会议长短是未知数，往往根据会议内容而定，而不是主办方；我们约老朋友的时间很少确定，如果有位久未谋面的朋友说周末要来看你，那你可能必须整天不出门，恭候一个周末。

遵守多时制的人强调任务的参与和完成，而不强调一切都按时间表。他们习惯同时会见几个人，同时处理几件事。遵守单时制的人认为这是对自己的不尊重。但在遵守多时制的人看来，遵守单时制的人只强调时间表，而不问客观情况，不论问题是否已经谈完，只要时间一到，立即结束活动，不合情理。其实，在各自的文化背景中，两者都是合适的。但是，在国际商务交往中，这种差异或多或少会带来一些误会和不便，所以了解具有不同文化背景的人如何支配时间、如何"守时"，有助于国际商务活动的顺利进行。

因支配时间的方式不同，人们对"守时"的理解和态度也有所不同。遵守单时制的人，对时间要求很严格，最严格的是德国、荷兰、芬兰等国家的人。在这些国家，"守时"就是准时准点，最好略有提前。迟到者被认为不值得信任。亚洲的日本也在此列。对日本人来说，守时就是提前5分钟。一位初到日本的意大利人曾经万分不解，他说："说7点到就7点到，怎么还会惹人不高兴呢？"后来他才知道，日本人说的"7点到"其实应该在"6点55分到"，而对他来说，7点钟到已经是做出很大努力了。在美国、加拿大、丹麦、瑞典等国家，若迟到时间不超过5分钟，还是可以容忍的。

遵守多时制国家的人，对待时间比较松散，有时在遵守单时制国家的人眼里简直无法忍受。曾经有位记者这样评论："非洲人的行为习惯与我们有很大差异，在工作交往中最大的困难是不守时。他们说的'明天'会是明天的明天或者三五天以后，至于究竟是哪一天，是不确定的。"一位在乌干达做生意的人说："非洲人很不守时，约好和你上午8点碰面，到下午还没消息。你不打电话找他，他还不会和你说明情况，其实也不是有什么其他事情，他们就是这个习惯。"所以，初进非洲市场的商业人士，需要培养一定的耐心。在时间方面需要耐心对待的还有阿拉伯人。一位负责企业与阿拉伯国家方面业务的人士曾说："在阿拉伯国家，迟到5小时很正常。"有一次，他约了一位阿拉伯商人下午2点见面，但那位阿拉伯商人直到晚上7点才出现。"当我下午5点打电话给他的时候，他说马上就到，只要一杯茶的时间，结果一等就是两小时。"

有很多国家的人不是单纯地遵守单时制或多时制，如欧洲的一些国家（法国、挪威、比利时等）和亚洲、拉丁美洲的大部分国家。这些国家的人对待时间比较灵活，对迟到现象也比较宽容，拉丁美洲人对迟到的容忍度更高。

东方与西方文化上的这种模糊与精确、弹性与刚性的观念差异，在很多地方都有所体现。例如，中国人喜欢说"马上""一会儿""有时候""少许"等词语，这使西方人摸不着头脑。

人们的时间观念是长期慢慢形成的，在相当长时期内是相对稳定的，但并不是一成不变的。随着经济的发展、社会的进步、生活条件的改善，特别是东西方交往的日益增多，中国人旧有的时间观念、时间使用方式都发生了不少的变化。例如，现在人们开始习惯把时间量化，会制定时间表，提前预约。但是，我们还应该清醒地认识到，东西方时间观念和时间使用方式是各自文化的深层因素，对人产生的影响是根深蒂固、难以清除的。因此，当东方人与西方人进行跨文化交际时，都应深刻地意识到这一点，尽量避免因时间使用方式的差异引起的冲突和障碍，从而取得跨文化交际的成功。

> **小贴士** 世界各地有关准时的指南
>
> （1）对"准时"极为看重的国家：所有的北欧国家。
> （2）对"准时"采取赞赏和期待态度的国家：加拿大、澳大利亚、英国、法国和美国。
> （3）对"准时"态度比较缓和的国家：欧洲南部（西班牙、意大利、希腊等国家），与绝大多数地中海国家。
> （4）对"准时"持宽松态度的国家：绝大多数拉丁美洲国家和部分亚洲国家。在那里，你尽管把手表抛在一边。

2. 委婉语冲突

英文"euphemism"（委婉语）一词源于希腊语，意思是"好听的话""令人高兴的话"。作为一种语言形式，它用一种比较模糊、委婉或含蓄的词句将令人难堪、厌恶、不愉快的事物转化为人们可以接受的语言，谋求更理想的交际效果。在汉语中，委婉语又有"婉曲"之称。汉语的许多语法教材给婉曲的定义就是：不直截了当地说出所要表达的意思，而是以委婉曲折的说法暗示给读者的修辞手法。

委婉语的使用贯穿于人们的日常交往。委婉语不仅指委婉词语，还指积极运用语言进行表达的交际方式。从语言交际角度看，委婉语体现为一种间接语言行为，是技巧性运用的一种方式，目的在于表达说话人的意图。委婉语体现为交际策略，执行一定的社会功能，是语言交际、表达、构思等功能的集中体现，是在语言交际中维系社会关系和人际关系的重要手段之一。不言而喻，委婉语在社会交际中扮演着重要的角色：一方面，维持语言禁忌，另一方面，被用作人际交往的润滑剂。用人们在心理上易于接受的间接语言形式来表达容易引起人们不快的信息内容，其效果与糖衣药丸的功效颇为相似。

但是，在跨文化交际中，委婉语的使用并不总能达到人们预期的理想效果。委婉语在构造、意识观念、价值尺度等方面存在差异，以及翻译困难和时常变化更新，很容易造成交际中的理解障碍和交际失误。例如，中国文化与西方文化有着不同的礼貌评判标准和实现方略。中国文化中的礼貌植根于儒家传统，强调尊人和中庸，提倡谦虚；而西方文化深受西方自由平等思想的影响，强调个人价值，提倡个人自信和实事求是的态度。不同的文化心理和礼貌方式影响了汉语与英语两种语言的跨文化交际。例如，对于"你的衣服真漂亮"这样的称赞话，西方人会高兴地回答"Thank you"，而中国人大多数回答"哪里，哪里"。当这种赞扬遭到中国人拒绝时，美国人常常怀疑自己是否做了错误的判断，双方之间的文化接触很可能以交流失败而告终。在送礼物时，中国人常常伴随"送您一个小礼物，不成敬意"这样的表述。不太了解中国文化的外籍人士自然不知道这是"谦虚"的说法，他们会纳闷中国人为什么要选一件自己认为"不太好，不成敬意"的小礼物给别人。

在跨文化交际时，熟悉对方国家此类委婉语的人必是精通其国语言文字及文化者，而这种人只占极少数。即便对于将英语或汉语作为第二语言学习的人，对委婉语的学习也需要时间和生活经验的积累，因而在日常跨文化交际中对委婉语的使用很容易导致交际失败。

3. 隐私冲突

西方人特别强调对个人隐私的保护和尊重，不允许对方刺探、干扰和侵犯。西方人将年龄、个人收入、财产状况、婚姻状况、宗教信仰、政治倾向及个人所购商品的价格等都视为绝对隐私。而中国人的隐私观念相对比较淡薄，认为个人隶属于集体，因此讲究团结友爱和互相关心。因此，中国人往往愿意了解别人的酸甜苦辣，对方也愿意坦诚相告。

15.4 "一带一路"与跨文化交流

"一带一路"倡议最早是由习近平总书记在 2013 年首次提出的，建立"丝绸之路经济区"的构想也在此时画出了基本蓝图。随后，我国经过不断落实，建立了"丝绸之路经济带"和"21世纪海上丝绸之路"，沿线囊括60多个国家。

"一带一路"的文化内涵古已有之，延续至今。古丝绸之路将中国与世界、历史与现在联系在一起，减少不同文明之间的冲突。"一带一路"将传承古丝绸之路奠定的友好交流的传统，并赋予其新的时代内涵。"一带一路"沿线国家的互联互通，不仅是基础设施、贸易往来等传统合作领域的联通，还包括沿线各国人民的文化交往、跨文化交流与经济发展相互促进。

"一带一路"倡议自提出以来，中国与沿线国家互办各类活动，逐渐成为国家对外文化交流的平台。其中，最具代表性的是"一带一路"国际合作高峰论坛。

1. 尊重文化多元性

"一带一路"沿线国家不管是在宗教方面还是在风俗方面都存在较大的差异。在进行跨文化交流的过程中，有人认为应该实现价值观的统一，这是错误的。不同国家实现跨文化交流的最主要的意义不是彼此说服，而是相互理解，深入了解对方的文化理念，给予对方充分的尊重，避免产生文化冲突。

跨文化交流的本质是信息交换，只有采取最直抵人心的交流方式才能真正让跨文化交流传承下去。在"一带一路"建设中，跨文化交流不仅关乎我国的国际形象，也是"人类命运共同体"建设的关键。

2. 避免刻板印象

在通常情况下，人们会对自身无法亲自体验的事物进行自我认知上的补充，这也就是我们常说的刻板印象。刻板印象是常见的固有思维。刻板印象会导致文化割裂，不利于跨文化交流。刻板印象还会导致不同文化之间产生冲突，导致人们忽视真相，产生过于片面的看法，不利于跨文化交流的开展。因此，在跨文化交流中要尽力避免刻板印象影响交流与合作。

3. 根据对象需求确定跨文化交流主题

在"一带一路"合作倡议落实的过程中，通过对跨文化交流的参与者进行分析可以发现，在跨文化交流的群体中包含国家、非政府组织和个人，是复杂的群体。在推进跨文化交流的过程中，面对不同对象，必须找好角度，确立准确的跨文化交流主题，选择交流对象感兴趣的文化交流内容。海上丝绸之路国际艺术节是"一带一路"跨文化交流平台日趋规范化和常态化的缩影。丝绸之路国际电影节是比较有代表性的文化交流合作平台。此外，以"一带一路"为主题的博览会、交易会等平台建设也在如火如荼地开展。

4. 根据传播规律选择适合的交流方式

在跨文化交流过程中，文学、教育和艺术领域的交流是最为常见的。

（1）文学在跨文化交流中占比非常大，其中涵盖了大量情感与想象方面的内容，也是一种对现实进行抽象化改变的艺术形式。通过这种交流方式，可以快速获取其他文化圈的认可。

（2）教育交流是重要的跨文化交流模式。如今，我国的国际地位越来越高，很多国家设立了汉语课程，扩大了汉语的影响力。我国加大力度在世界各地建设孔子学堂，以此来宣传汉语、宣传中华传统文化。这种方式让其他文化圈的人对我国文化有了更深的理解，同时进一步提升了我国的文化地位。

（3）艺术交流也是重要的跨文化交流形式。音乐、绘画、电影等多种形式的文化艺术传播，让我国的文化输出更加丰富多彩。

实训演练

"一带一路"是重要的经贸纽带，也是相关国家文化交流、文明交融的重要纽带。小组展示汇报在"一带一路"背景下，我国与"一带一路"沿线各国多元文化相通共融的经典案例。

美育课堂

"丝绸之路"上的壮美诗行

丝绸之路是一条商贸之路，也是一条诗歌之路。

丝绸之路的起点在汉唐古都长安，即今天的西安。西安现存古城墙建于明代，西安城墙围成的城区，规模只相当于唐代长安城的九分之一。唐长安城西边有座城门叫开远门，顾名思义，出了开远门，就踏上了西去的大道。

1. 张籍《凉州词》

站在丝绸之路的起点上，悠扬的驼铃声在耳边响起。唐代诗人张籍的《凉州词》使人产生充满诗意的联想：

边城暮雨雁飞低，
芦笋初生渐欲齐。
无数铃声遥过碛，
应驮白练到安西。

这条从长安西去，一直通向中亚、欧洲的大道为什么叫丝绸之路？

"应驮白练到安西"，诗人张籍给出了最确切的答案。"白练"就是素色的丝绸。

2. 王维《送元二使安西》

出了长安，第一站是渭城，即今天的咸阳。长安在渭水之南，咸阳在渭水之北。送别西行之人，诗人王维留下脍炙人口的《送元二使安西》：

渭城朝雨浥轻尘，
客舍青青柳色新。
劝君更尽一杯酒，
西出阳关无故人。

这是一个雨后初晴的美好清晨。大路上不再尘土飞扬，客店旁枝叶葱茏的柳树被雨水洗过，格外青翠。天气好，行人的心情也好，充满对前景的向往。然而，送行者端起酒杯说的两句话却引起了乡愁，使远行之人不免伤神。这首诗表达了诗人复杂的内心感情，触动了人性的敏感神经。这首诗在流传过程中还被谱曲，成为著名的《阳关三叠》，一直传唱至今。

3. 王翰《凉州词》

与《送元二使安西》有异曲同工之妙的，是王翰的《凉州词》：

葡萄美酒夜光杯，
欲饮琵琶马上催。
醉卧沙场君莫笑，
古来征战几人回？

葡萄酒盛产于凉州（今甘肃武威），夜光杯产于肃州（今甘肃酒泉），凉州、肃州都是丝绸之路上的重镇。诗中的主人公即将投身戎旅，到边疆去建功立业，临行之际痛饮美酒，看似极其豪放，但正如清代诗论家沈德潜所评，"故作豪饮之词，然悲感已极"。行走在丝绸之路上的远行者，或从军，或经商，都不乏壮志豪情，都期待着人生的大作为。然而，他们必须承受远离故乡与亲友的痛苦，甚至冒着牺牲的风险。《送元二使安西》与王翰《凉州词》所抒发的正是这种豪中见悲的复杂感情。

4. 岑参诗三首

丝绸之路穿过河西走廊，就进入了西域。狭义的西域指今天的新疆地区。盛唐诗人岑参曾两次进入西域，成为最著名的边塞诗人。岑参的边塞诗具有很强的写实性，比如下面两首绝句：

碛中作

走马西来欲到天，
辞家见月两回圆。
今夜不知何处宿？
平沙万里绝人烟。

过碛

黄沙碛里客行迷，
四望云天直下低。
为言地尽天还尽，
行到安西更向西。

岑参是胸怀宏伟抱负来到西域的，但他在四望无际的沙碛中感受到的却是无边的苍凉

和迷茫。他在西行途中遇到一位要回长安的使者,浓重的思乡之情马上涌上心头,在马上口占成一首《逢入京使》:

> 故园东望路漫漫,
> 双袖龙钟泪不干。
> 马上相逢无纸笔,
> 凭君传语报平安。

语词的生命力是那样的长久,经典永久流传。

【技能训练】分组讨论影视作品中的中西文化冲突。

反侵权盗版声明

电子工业出版社依法对本作品享有专有出版权。任何未经权利人书面许可，复制、销售或通过信息网络传播本作品的行为；歪曲、篡改、剽窃本作品的行为，均违反《中华人民共和国著作权法》，其行为人应承担相应的民事责任和行政责任，构成犯罪的，将被依法追究刑事责任。

为了维护市场秩序，保护权利人的合法权益，我社将依法查处和打击侵权盗版的单位和个人。欢迎社会各界人士积极举报侵权盗版行为，本社将奖励举报有功人员，并保证举报人的信息不被泄露。

举报电话：（010）88254396；（010）88258888

传　　真：（010）88254397

E-mail：　dbqq@phei.com.cn

通信地址：北京市万寿路 173 信箱
　　　　　电子工业出版社总编办公室

邮　　编：100036